你的孩子，不是你的孩子，
他们是生命对自身渴望所产生的儿女。
他们经由你出生，但不是从你而来，
虽然在你身旁，却不属于你。
你可以给他们你的爱，而不是你的思想，
因为他们有自己的思想。
你可以荫护他们的身体，而不是他们的灵魂，
因为他们的灵魂住在你梦中也无法企及的明天。
你要向他们学习，而不是使他们像你。
因为生命不会后退，也不在昨日留连。
你是弓，孩子是从你弦上发射而出活生生的箭。
弓箭手望着永恒之路上的箭靶，
他会施全力将你拉开，
使他的箭射得又快又远。
你们欣喜地在弓箭手手中屈曲吧！
因为他既爱飞翔的箭，也爱静止的弓。

——纪伯伦，《论孩子》

Will I
Ever Be Good
Enough?

Healing the Daughters of
Narcissistic Mothers

母爱的羁绊

[美] 卡瑞尔·麦克布莱德 著　于玲娜 译
（Karyl McBride）

图书在版编目（CIP）数据

母爱的羁绊 /（美）麦克布莱德（McBride, K.）著；于玲娜译 . —北京：机械工业出版社，2015.8（2025.11 重印）

书名原文：Will I Ever Be Good Enough? Healing the Daughters of Narcissistic Mothers

ISBN 978-7-111-51310-0

Ⅰ. 母… Ⅱ. ①麦… ②于… Ⅲ. 母爱–通俗读物 Ⅳ. B844.5-49

中国版本图书馆 CIP 数据核字（2015）第 202206 号

北京市版权局著作权合同登记　图字：01-2010-3475 号。

Karyl McBride. Will I Ever Be Good Enough? Healing the Daughters of Narcissistic Mothers.

Copyright © 2008 by Karyl McBride.

Chinese (Simplified Characters only) Trade Paperback Copyright © 2015 by China Machine Press.

This edition arranged with Free Press through Big Apple Tuttle-Mori Agency, Inc. This edition is authorized for sale in the Chinese mainland (excluding Hong Kong SAR, Macao SAR and Taiwan).

No part of this book may be reproduced or transmitted in any form or by any means, electronic or mechanical, including photocopying, recording or any information storage and retrieval system, without permission, in writing, from the publisher.

All rights reserved.

本书中文简体字版由 Free Press 通过 Big Apple Tuttle-Mori Agency, Inc. 授权机械工业出版社在中国大陆地区（不包括香港、澳门特别行政区及台湾地区）独家出版发行。未经出版者书面许可，不得以任何方式抄袭、复制或节录本书中的任何部分。

母爱的羁绊

出版发行：机械工业出版社（北京市西城区百万庄大街 22 号　邮政编码：100037）
责任编辑：董凤凤
责任校对：董纪丽
印　　刷：北京科信印刷有限公司
版　　次：2025 年 11 月第 1 版第 37 次印刷
开　　本：147mm×210mm　1/32
印　　张：8.5
书　　号：ISBN 978-7-111-51310-0
定　　价：59.00 元

客服电话：(010) 88361066　68326294

版权所有·侵权必究
封底无防伪标均为盗版

赞誉

麦克布莱德博士完成了一项出色的工作,她把握住了那些由自恋母亲抚养长大的女性所遭受的痛苦。该书简明实用,能指导女性从寻求认可、证明自我价值的陷阱中解脱出来,能帮助读者发现自恋的微妙表现,并通过案例,展示母亲身上的这些特质如何塑造了女性看待自我、世界和人际关系的视角。麦克布莱德博士对我们理解这一复杂的家庭情感互动,做出了独一无二的贡献。

——莫尼卡·拉米雷斯·巴斯科博士,著有《永远不够好:怎样有效利用完美主义而不让它毁掉你的生活》《找回你的生活:抑郁症治疗完全指南》

在自恋母亲对女儿的影响方面,该书包含出色的临床观点,简明易懂,适合所有受到这一问题困扰的女性。治疗部分提供了日常生活中能用到的大量想法和技巧。

——琳达·沃恩,执业临床专业咨询师

麦克布莱德博士对自恋的各个方面进行了深入的描绘。我发现这本书十分引人入胜、简单明了，又有大量的信息，实用性很强，结构也是按照治疗方法来安排的。任何一个身边有自恋者的人，都应该读读这本书。

——蕾妮·瑞希克，医学博士，儿童和青少年精神病医生

这本书阐释了生命成长过程中遭遇的来自自恋母亲的平庸且无端的忧伤，作者提供了清晰、真诚的疗愈方法，帮助更多人生活得充实而快乐。

——克里斯蒂娜·诺斯若普博士，著有《母女智慧》《更年期智慧》《女人的身体，女人的智慧》

这是一本每一位感觉生活在强势家长的影响之下的女性必读之书。

——纳内特·加特瑞尔，著有《我的回答是不！如果你没意见的话》

在这本洞察深刻的书中，作者不仅分析了强势家长对子女的影响，也给出了实用可行的指导建议。

——基思·坎贝尔，著有《当你爱上一个自恋的男人》

本书是带你走出痛苦的令人惊异的佳作，作者充满真诚的爱与仁慈，提供了专业的指导。

——塔玛·基维斯，著有《这一次我想跳舞！创造你热爱的工作：一个哈佛律师从放弃一切到拥有一切的历程》

目录

赞誉
推荐序一
推荐序二
译者序
致谢
作者声明

• **引言** /1

和母亲的关系对我们的一生都有相当大的心理影响。奇怪的是,我从来不愿意相信这一点。

第一部分
发现问题

• **第1章 情绪的重负** /8

多年来,不论我去哪儿,在我脑海中总有一群苛刻的批评者,几乎让我无法忍受。

第 2 章 空白的记忆：妈妈和我 / 24

如果你在一个由母性自恋支配的家庭中长大，成年后，你每天都竭力去做一个"好女孩"，并尽量去做别人要求你应该做的事。

第 3 章 母性自恋面面观 / 43

只有当母亲自己拥有自信、自爱和自我认识时，才有可能帮女儿培养这些品质。

第 4 章 爸爸在哪里：自恋温床的其余部分 / 65

父亲当时正围着母亲转，像一颗行星围着太阳转一样。
在家庭戏剧中，自恋的人是明星，其伴侣则是配角。

第 5 章 形象就是一切：小脸笑一笑 / 80

记不清有多少次，当我皱起眉头，或者要放声大哭的时候，母亲就这样对我说。

第二部分 自恋母亲如何影响了生活的方方面面

第 6 章 我这么努力！高成就动机型女儿 / 92

很早的时候，大约10岁，我就下定决心：努力是唯一能让我感觉良好、唯一能弥补那些"做得还不够好"观念的方法。

- 第7章 这有什么用：自我破坏型女儿 /105

  那些没有成为优秀小孩并以此证明妈妈错了的人，选择了截然相反的道路，把愤怒发泄在自己身上，不明智地破坏了自己的努力。

- 第8章 不切实际的想法：妈妈没能给我的爱，要在其他地方得到 /115

  自恋母亲的女儿经常会用不合适的恋爱关系来填补她们的情感空白。不幸的是，她们想找到合适的伙伴来认可她们，却总是在错误的地点搜寻。

- 第9章 救命！我变成我妈妈了：当女儿做了妈妈 /129

  对大多数女人而言，养育一个孩子的经验伴随着令人陶醉的兴奋感和对未来的想象。但对自恋母亲的女儿来说，也有可能被持续不断的恐惧和焦虑所笼罩。

第三部分 终结遗传

- 第10章 第一步：感受比外表更重要 /142

  其实，知道自己永远无法完全消除这些疤痕反倒让人宽慰。承认我们身上曾经发生过的事很重要，因为它们至今还在影响我们。

VII

- 第 11 章 亲近与独立：从母亲身边独立出来 /162

  对自恋母亲的女儿来说，治疗的最终目的，是成为一个真诚的、完整的人。

- 第 12 章 做一个本真的女人：命中注定的女儿 /173

  在自己身上找到幸福并不容易，但在别的地方找到幸福则是根本不可能的。

- 第 13 章 轮到我了：在治疗中与母亲相处 /192

  寻找和自恋母亲相处的健康之道，可能会让人很有挫败感，但这是一次意义重大的斗争。

- 第 14 章 填补空虚之镜：结束自恋母亲的影响 /216

  心理创伤深埋于我们的脑海中，意识会否认它的存在，但我们常常会在下一代人身上遇到它。

参考文献 /235

推荐阅读书籍与观赏影片 /240

推荐序一

这一段时间，我一边阅读《母爱的羁绊》的中文译稿，一边每天继续从事我的心理咨询。不管是过去，还是现在，时而会遇到跟这本书中情形相同的案例。因此，在阅读过程中，我不断对书中的描述发出共鸣：是这样的！

这本书表达了我的咨询经验里常有的，却没有确切而系统地表达出来的东西。

这些年从事心理咨询，我越来越觉得，中国社会需要一个心理层面的觉醒，而这种觉醒，需要从每个人对原生家庭的觉察开始。我的基本发现是，许多类型的心理问题，总是根源于家庭问题。特别是家庭关系的伤害，导致人的情绪的、人格的、精神的障碍，进而造成许多社会的问题。因此，走进家庭关系系统，建立健康的家庭价值，培养健康的人格，才是正本清源的根本之策。既然问题的源头在家庭，我们就需要从家庭开始。

在当今时代，中国的家庭系统正在遭遇严重的冲击，特别是在孩子教育方面，我们面对这样一种情况：许多父母来自一个遭受过多剥夺的时代，他们在成长过程中，内心里留下隐而未察的缺乏与创伤，以至于他们后来会不自觉地在孩子（往往又是唯一的孩子）身上寻求补偿：一方面，他们对孩子过度保护和溺爱；另一方面，他们会在学业上对孩子过高期待与强求。竞争激烈的现实环境又强化了他们内心的不安全感，以至于许多父母在孩子教育上采用极端强制的方式，用自己的经验去代替孩子的经验，用自己的"真理"压制孩子的思考，这些都挫伤了孩子的生命潜能，压抑了孩子的自我成长。

当我们了解这些后，我们就会更加重视《母爱的羁绊》这本书，因为它为我们提供了一条走进家庭关系系统的路径，让我们获得觉察，尤其是觉察母女关系模式造成的伤害。

但觉察不是容易的事。读这本书，需要准备接受挑战。例如，母女关系相当复杂，其中有冲突，有矛盾，有奥妙的情感，有曲折的情绪，有不同程度的伤害，有表达和隐藏的怨恨，不是一个"爱"字可以概括的。但是，我们自幼接受对母爱的理想化的讴歌，内心早已建立了"伟大的母爱"的信念，这时来读书中所描述的"母爱的羁绊"，可能会感到不适，会产生一种道德意义上的内疚感。在许多情况下，我们习惯于接受"历来如此"的"真理"，对活生生的"真实"却视而不见。但这种情况需要改变，因为，如果没有觉察，问题就一直在那里，并暗中影响我们。因此，作者带着直面的勇气写下这本书，她说："当我决定写一本书，讲述那些没有对女儿尽到职责的母亲，以及这给女儿（甚至成年后）带来的痛苦时，我觉得自己似乎正在打破禁忌。"

但这并不是一本控诉的书，而是一本让人了解真实，经历医治，获得成长的书。

这本书可以帮助女性了解自己，帮助女儿了解母亲，帮助母亲了解女儿，帮助治疗师了解求助者，帮助求助者了解治疗师。它不仅帮助我们了解自己，还帮助我们重塑自我。

本书作者是一个治疗师，也同时是一个经历了自我医治的女性——母亲的女儿，这本书反映她本人的生命感受和治疗经验，其中有丰富的案例、广泛的引述、真切的描绘、系统的总结，非常清晰而生动地展示了复杂而微妙的母女关系的多个层面。

作者找到一个独特的角度来考察母女关系中复杂的心理状态——自恋，以及由此产生的损害："我逐渐意识到，在我和那些缺乏安全感、满足感的女病人的生活中，有一种关键要素是缺失的。那是一种有心理营养的、共情的爱，我们强烈渴望从母亲那里得到，却未能如愿。而我们的母亲很可能也没能从她们的母亲那里得到。这意味着，扭曲的爱，作为一种痛苦的遗产，代代相传。对自恋及它在母女关系中的呈现了解得越多，我越觉得有责任去帮助那些母亲有自恋倾向的人们建立自我理解、自信和自爱。"

当我们了解原生家庭的重要性，我们就会更加重视这本书。我们在从事心理治疗的过程中，有一个基本的发现，就是原生家庭的承传：受害者往往成了施虐者。有许多父母把上一代加害于己的东西继承下来，用以加害后一代，而这种承传，总是在无意识的状态下进行。这正如作者所说，"情感遗传就像基因遗传一样，不知不觉代代相传"。在家庭系统里，好的资源应该流传下去，而伤害的因素应该受到阻止。在中国，关心孩子成长的母亲，需要读这本书，从中得到好的指导和启发，有利于教养自己的儿女（不只是女儿）。因此，我期待的是，每一个母亲都需要有这样一种意识：我就是我的孩子的原生家庭。如果母亲的生命里有原生家庭的伤害，她就需要获得觉察，经历医治，中止"母爱的羁绊"。因此，这本书可以成为一面镜子，让自恋的母亲去反省自己跟女儿关系的本质，意识到自恋型的"母爱"对孩子造成的损害。在我们的社会里，还有许多女性生活在母爱的羁绊里，她们内心里有伤害，有阻碍，但不知从何而来，读这本书，可以获得自我医治和成长，从母爱的羁绊里解放自己。正如本书作者，"回到自己童年的灵魂之旅"，觉察家庭关系中的阴影，有意识经历自我医治与成长，完成了"遗传性扭曲母爱的修复工作"，从而"终结遗传，从母亲身边独立出来"。

　　为了验证这本书的实用性效果，我还在治疗中使用书中的"问卷"，帮助我的求助者获得觉察、医治和成长。其中，有一个痛苦不堪的女性发现，她的母亲像一个痴狂的恋人一样对待她，自幼控制她，不允许她成为自己。这位母亲对女儿说："你就是我，我就是你，我们是连在一起的，不能分开。"这样的爱，给女儿带来沉重的压力，在长期无效的挣扎之后，当事人发展出心理的症状。在治疗过程中，我向当事人推荐《母爱的羁绊》，说："这本书可以帮助你了解母女关系的本质，从中得到觉察。"现在，当事人终于从过去的挣扎里走了出来，开始用一双觉醒的眼睛来看自己，看母亲，看自己与母亲的关系，并且有力量突破"母爱的羁绊"，敢于成为自己。

　　我每每读到翻译过来的好书，心里总会受到一种激励，会对自己说，也想对中国的同行们说："我们要加油呀！"

王学富

推荐序二

这是一本专写拥有自恋型母亲的女儿在长大成人后面临的心理问题及其如何治愈的书。

刚看此书,我总觉得中国的母亲多数吃苦耐劳,为下一代鞠躬尽瘁,和这种"自恋型母亲"的不理会女儿感受,只注重自己面子的特质相去甚远。

然而当我看到书中反复提到的自恋型母亲育儿的可怕后果时,不禁惊呆了。由于自恋型的母亲经常告诉你她希望你成为怎样的人,而不是让你肯定自己的天性,你便逐渐丧失了自我。你逐渐内化了这样一条信息,那就是你的价值取决于你做了什么,而不是你是怎样的人。

天呐!这不是我们中国的大多数母亲天天都在做的事情吗?从小看成绩,考了 98 分就会问为什么不是 100 分,无时无刻不在对孩子强调结果导向性,以结果来验证这个人的存在价值。而长大后,即使孩子功成名就,他的内心仍然空着一块本应充实的地方,不知道自己究竟是谁,为何而活,那都是因为母爱的羁绊让他从童年起就没有接受过无条件的爱。

这本书引进得太及时了！如果你希望你赚的钱是为孩子上大学用的，而不是看心理医生用的，那么强烈推荐做了母亲的国人都看看这本书。

浩途家长俱乐部创始人　海文颖

译者序

俗话说"清官难断家务事",家庭内部的是非对错,往往很难用公共空间中的伦理道德标准来判断。吴飞在关于中国农村自杀现象的书《浮生取义——对华北某县自杀现象的文化解读》中,就把很多自杀案例解读为对家庭内部"不公"的极端反应。家庭问题想必普遍存在于各种文化中,在心理医生遍地的美国,解决家庭问题不是用农药,而是用"治疗"。

本书聚焦的问题看似很小:你得是女性,并且母亲有"自恋特质",似乎这事儿才跟你有关。但母亲自恋以及相关的家庭互动,背后涉及很多重要的社会文化问题。作者关注的,主要是自恋母亲及其育儿方式对后代的影响和解决问题的具体技巧。但如果读者对书中的案例多加留意就会发现,即便在女权主义风起云涌的美国,家庭结构和互动,仍然在很多方面呈现强烈的父权色彩。家庭对女性的期待,大多数时候仍然是一个"照顾者"的角色:女性要随时待命,满足他人的各种需求。而当家里的母亲具有自恋特质的时候,家庭等级结构对女儿施加了另一重压力。女儿遭受的双重剥削,可能在尚未成年的时候就开始了。

文化的自恋特性也是这一现象的重要根源，在这方面，美国比中国严重，但随着商业主义的扩张，自恋的文化也逐渐渗入中国人的生活中：人们不仅越来越注重相貌，也更乐意追求物质财富、地位和奢侈品，用以维持外在的成功形象，而忽略了内在成长和自我完善——这是西方心理学用语，简单地说，中国已经从"金钱不足"的时代，进入了"道德缺失"的时代。与"自己"相对的是"他者"，自恋者最严重的问题之一，就是没有体验"他者"感受的能力。在家庭内部，缺乏这种能力会导致不良的互动，而在公共空间里，这种能力就是道德的心理基础。

中国传统文化虽没有丰富的心理学体系，在家庭问题上，仍强调"慈"和"孝"两个概念。"不孝"是我们更常听到的罪名，但上不"慈"，下"孝"就无从谈起，指责后代"不孝"之前，恐怕先得反思自己的育儿方式。正如作者在第13章中介绍的，在20世纪的美国，育儿理念经历了非常大的变化，早期的观念和老辈中国人的"不打不成材""棒下出孝子"很相似；但到后来，家长甚至都不要求孩子在学业和社交方面取得多大成就，反而十分注意培养他们的自尊心；世纪之交，育儿观念更加多元化，以致都很难找到"正确"的理念。但无论古今中外，所有的家长在育儿问题上应该都同意一点，那就是书中引用的一位母亲的话："我一直在祈祷，希望我攒的钱是给孩子上大学用，而不是付他们的心理治疗费。"

本书强调的另一个观点，就是家长的行为模式会通过耳濡目染传给下一代，相比之下，谆谆劝导的教育方式却效果甚微。也就是说，如果你希望自己的孩子是一个心理健康的人，你最好先让自己成为一个心理健康的人。在本书的语境下,哪怕只是为了孩子好,家长也应该努力完善自我。

尤其值得中国家长注意的一点是,书中提到的那些母亲,哪怕童年时期受过严重的心理创伤,哪怕成长道路崎岖多艰,成年以后仍然默认应该教给孩子的是诚实、正直、善良、仁慈……这种根深蒂固的道德观念是非常值得国人思考、学习的。

于玲娜

致谢

对我而言，写书意味着一头撞到墙上，反复攀登，毫不气馁，这是一项奥林匹克标准的精神训练。这让我很有压力，但更重要的是，这是一项富有意义的爱心工作，当然也是一项没有他人帮助无法完成的工作。一句致谢之辞非常单薄，但我还是要向那些在这段充满激情的艰难旅途中陪伴过我的人，表示真心的感谢。

首先，也是最重要的，我要感谢我的子女和孙辈：奈特和波拉、梅格和戴夫、麦肯齐、伊莎贝拉、肯和阿尔。家人给予的爱、耐心、理解和鼓励是无比珍贵的，我深爱着你们每个人。

我的经纪人，苏珊·舒尔曼：你对我和本书主题的信心，总是能不断地给我惊喜。我永远不会忘记你的职业素养、善意、勤奋和鼓励。

莱斯利·梅勒迪斯，Free Press 的资深编辑：感谢你热心的编辑协助工作、你对敏感材料的敏锐理解力，以及你对这本书的十足信心。

唐娜·洛弗雷多，Free Press 的助理编辑：唐娜，谢谢你对我没完没了的问题一直保持良好的耐心。我经常能通过电话感受到你温暖的笑容！

感谢 Free Press 工作人员对该书进行了最后阶段的润色。珍妮特·金戈尔德和伊迪丝·路易斯，你们对原稿进行的编辑工作不仅细致、精彩，而且值得尊敬。

贝丝·利伯曼：你的编辑专业精神和坚持不懈的努力让我很长一段时间心怀感激。谢谢你做的这一切。

其他在初期编辑、选题讨论、理念和支持方面提供过专业帮助的人包括：沙茨基、多琳·奥利安博士、柯琳·哈伯德、莉兹·内策尔、简·施奈德和罗拉·贝洛蒂。向你们表示特别的感谢。

还有那些百忙中抽空阅读此书的专业同事：蕾妮·瑞希克博士、戴维·博洛科夫斯基博士和琳达·沃恩。尽管你们都很忙，但却慷慨地付出了时间给我以帮助。由衷地感谢你们的专业投入。

吉姆·格雷戈里博士，非常感谢你在健康那章中提供的建议，你的时间和好意我都很感激。

克里斯·帕萨雷拉，网页设计专家，你总是那么棒，谢谢你付出的时间、技术工作给我以支持。

克里斯·赛古拉和你的克里斯电脑咨询公司：你在电脑方面的帮助总是又及时又有用。谢谢你在危急关头提供的格式化指导，谢谢你对我这个电脑盲有那么好的耐心。

尤其要感谢那些帮我应付了各种临时情况的人：格雷琴·拜伦、卡罗琳娜·迪卢洛、海伦·拉克森、马文·恩德斯、弗兰克·马丁、琳达·芳曼和杰西卡·丹尼斯。

多摩·基夫斯和佩格·布莱克摩尔：你们为我提供了灵感和专

业支持，你们都有着母亲般的善良和广博的理解力。

还要感谢那些用爱、欢笑、拥抱和鼓励给予过我支持的朋友们：凯·勃兰特、凯特·海特、吉姆·戈隆沃尔德、吉姆·冯德罗，以及萨克马诺的员工：富兰克林（黎明时分邻居般的微笑）、弗兰克（时而气急败坏，时而乐观豁达）、吉安娜（超级英雄）和安东尼。还要向我五年级的小伙伴吉米·赫希致以拥抱和感谢。

特别感谢应用研究咨询所的埃塞尔·克鲁斯－芬恩提供的早期研究协助。埃塞尔，我爱你，想念你。

感谢我的父母培养了我良好的职业道德，教会我坚持不懈、为自己相信的东西努力奋斗。你们的"重新振作起来"这句话对我影响深远。

最后，我要向那些杰出的来访者和受访者表示感谢，你们付出了时间和情感精力，跟我们分享自己的故事，从而使他人得到帮助。我不能说出你们的名字，但你们自己知道。如果没有你们和你们的勇气，这本书是不可能写成的。

作者声明：

本书中的例子、事迹和人物均来源于我的临床工作、研究和真实生活经验。书中人物的名字和一些个人化的特点、细节已做过修改，一些例子中的人物和情景是由几个人物的故事综合而成的。

:引 言:

母女关系自人类诞生之时就出现了。我们在母亲面前展开生命第一次呼吸,在母亲面前表现出最初的依赖,以及人类对保护和爱的渴望。在子宫里,在分娩的过程中,我们和母亲是一体的。这个女人,我们的妈妈,她所有的一切,给了我们生命。从这一刻起,和母亲的关系对我们的一生都有相当大的心理影响。奇怪的是,我从来不愿意相信这一点。

首先,作为一个女权主义时代的母亲,我不希望母亲或女性在出现问题的时候,承担这么大的责任,或者遭遇最大限度的指责。当然,除了母亲的抚育之外,还有其他很多因素也会影响孩子的一生。其次,我其实并不希望回首那些没有得到母爱的日子,体会往日那令人心酸的感受,因为这对我和我的人生都会带来一定的影响。然而要承认这一点,意味着我必须面对它。

在几年的研究经历中,我读到了大量讨论母女纽带的书。每读到一本不同的书,我就禁不住泪流满面。因为我难以回想起依恋、亲密,记不起母亲的香水味,触碰她皮肤的感觉,她在厨房唱歌的声音，她抱着我轻轻摇动、举着我、拍我带来的慰藉，她给我读书带来的智力启发和愉悦。

我知道这不太正常，但找不到一本可以解释这种缺失的书。这简直让我崩溃。我是一个妄想狂吗？还是只是一个记忆力贫弱的少妇？没有一本书上说这种觉得仿佛没有母亲的现象是真有其事，也没有一本书上提到确实有些母亲其实并没有母性。我也找不到一本讨论女儿对母亲的矛盾情感、受挫的爱，有时甚至是厌恶的书。好女孩不应该恨她们的妈妈，所以她们之间很少谈论这些负面情感。母性在大多数文化里都是一种神圣的东西，所以一般不会在消极语境里谈论。当我决定写一本书，讲述那些没有对女儿尽到职责的母亲，以及这给女儿（甚至在她们成年后）带来的痛苦时，我觉得自己似乎正在打破禁忌。

阅读那些关于母女纽带的书总给我一种深深的失落感，担心自己是有过这种遭遇的唯一的人。专家会提到母女关系情绪，以及它如何与冲突和矛盾相伴。但我的感觉是空虚、缺少共鸣和兴趣，没有被爱的感觉。多年来，我一直不明白为什么，也没有想要将它合理化。其他家庭成员和善意的治疗师用各种各样的借口将其搪塞过去。我像一个好女孩那样，试着做出解释，对指责照单全收。直到我开始意识到这种情感缺失是母性自恋导致的独特结果时，这些碎片才开始整合起来。对母性自恋了解得越多，我的经验，我的悲伤，我的记忆缺失好像就越不是空穴来风。了解这一点，对开始修复我个人（而非和母亲共同）的身份感十分关键。我变得更加中立，开始接受我现在称之为的"实体空间"（substantial space），我让自己真实的一面展现出来（甚至是对自己），当我独自一人的时候，我也不再刻意让自己情绪高昂。如果不能了解事情的真相，我们会四处碰壁、犯错，觉得自己没有价值，进而毁了我们自己和我们的人生。

这本书的写作，既是多年研究的结果，也是我回到自己童年的灵魂之旅。那时我知道某些事情不对，感觉到母爱的缺失不正常，但并不知道为什么。现在我写这本书，是希望能帮其他女性了解到，这些感觉过去不是，现在也不是她们的错。

这并不意味着我想让你们把责任都推到母亲身上。这不是一个生气、不满和愤怒的投射之旅，而是理解之旅。我们希望治愈自己，这一点，我们必须用对自己和母亲的爱以及原谅来完成。我不相信让人意识到自己是受害者会有所帮助。我们对自己的生活和情感负有责任。要恢复健康，首先要了解作为自恋母亲的女儿我们经历了什么，然后才能复原，让事物各归其位。如果不了解母亲以及她的自恋对我们的影响，就不可能恢复健康。我们从小被教会克制和否认，但我们必须面对有关自身经验的真相——我们对母性温暖和抚育的渴望将不会得到满足，我们希望情况有所改变这一点，本身并不会使情况得到改变。还是女孩的时候，我们就被驯化要用一种积极的眼光来看待家庭关系，哪怕知道自己生活在阴影中。我们的家庭在外人看来确实不错，但我们仍觉得有些事情不对劲，别人告诉我们"这不是什么大事"。这种情感环境，这种不诚实，简直能让人崩溃。微笑一点，妩媚一点，仿佛一切都很美好。听上去是不是很耳熟？

现在，当我和其他有自恋母亲的女儿谈论内在情绪状态的相似之处时，我仍会感到惊奇。我们的生活方式和外在表现也许不同，但在内心深处，我们拥有同样的情绪表征。我最大的愿望，是希望这本书能为读者的深层感情提供确认，让读者可能在现状下感到完整、健康和真实。

写这本书的过程中，我必须克服许多内在困难。其一，由于我是位治疗师，而不是作家，我必须信任自己的能力。其二，也是更重要的，我得和母亲说说这件事。向她提出这个话题时，我说："嗨，妈妈，能帮我个忙吗？我正在写一本关于母亲和女儿的书，我想听听你的看法和建议，也希望你允许我使用一些个人材料。"我妈妈（上帝保佑她的心脏）说道："你为什么不写一本关于父亲的书呢？"她担心被写成一个坏妈妈——这是在预料之中的。她终究给了我祝福，我想这是因为她在试着理解，这不是一本关于谴责的书，而是一本关于治愈的书。我承认自己是希望她这样说："有什么需要我们一起讨论、研究的吗？""童年给你留下过痛苦吗？""我们现在能做点什么吗？""我们能一起康复吗？"——一句也没有。但在我自己的康复工作持续了这许多年后，我知道自己不该指望她能来做这些移情式的提问。我庆幸自己能鼓起勇气和她谈论这本书（诚然，这确实耗去我一些精力），这是我生命中唯一一次不可想象的交流。

不管怎样，冒过这样的风险后，我发现继续前行并客观地谈论我的经验和研究更容易了。虽说从纯粹治疗的角度写写手边的材料更有情感上的安全感，但我希望自己作为一个自恋母亲女儿的故事能让读者知道，我确实理解我所谈论的事物，因为我曾经身处其中。

我将本书分为三个部分，分别对应我的心理治疗步骤。第一部

引 言

分对母性自恋做出解释,第二部分展示这一问题的影响,它的各个方面,及其后果如何在女儿的生活方式中尽显无遗,第三部分提供治愈的路径。

现在,我邀请你和我一起了解你自己和你的母亲。这一旅程并不总是轻松、舒适。也许你会从否定中摆脱出来,也许会面对情感困扰,也许会很脆弱,也许会看到自己身上那些并不令人喜欢的个性。这是一项情感任务,有时你会觉得它很有趣,而当你试着理解自己所经历的事情并开始康复的时候,你会感到悲伤。通过这些,你将改变这种代代相传的扭曲母爱,并为你的子女、孙子孙女完成一种持久的改善。一旦你对自己的生活模式进行诚实的反思,你就会更喜欢自己,并在养育子女、处理人际关系,以及人生的其他事情上做得更好。

情感遗传就像基因遗传一样,不知不觉代代相传。一些家族传承物品令人喜爱、赞叹,让我们心怀感激和自豪,另一些则让人心碎,并且具有破坏性。它们不应传给后代,我们得阻止这一过程。完成了我自己的遗传性扭曲母爱的修复工作之后,我能说我已到达目的地,并也有了能力帮助他人。

欢迎你和我继续阅读。相对而坐,促膝而谈,和我一同哭泣,一同欢笑。我们一起开始面对你的情感遗产。即便以前"只是妈妈的事",现在也轮到你了。现在开始跟你有关,这个"你"也许你还从未发现,还从不知道"TA"的存在。

第一部分
发现问题

WILL I EVER BE GOOD ENOUGH
Healing the Daughters of Narcissistic Mothers

第 1 章：
情绪的重负

> 从前有个小女孩，前额长着一缕卷发，尽管她是个好孩子，却总是受到指责。
>
> ——埃兰·戈隆布，哲学博士，《镜中图图》

第1章
情绪的重负

多年来，不论我去哪儿，在我脑海中总有一群苛刻的批评者，几乎让我无法忍受。不管我想干什么，它们总在那儿提醒我：我做不到，我永远不可能把一件事情做好。大扫除进行到一半，或者在做家居装修的活儿时，它们对我喊道："这所房子永远不会变成你想象的那样！"健身时，它们在耳边唠叨："再努力也没用，你的身体正在走下坡路，你是个懦弱的人。你就只举得起这么点儿重量吗？"做财务决策时，它们朝我吼道："以前你就是个数学白痴，现在你的财务状况也是一团糟！"而当我与异性相处时，这些源于内心的声音就更为刺耳。它们小声说道："还看不出来你是个失败者吗？总是找错男人，不如直接放弃得了！"最让我受伤的是，当我和孩子的关系出现问题时，它们在耳边嚷嚷："你的人生选择已经伤害了孩子，你应该感到羞愧！"

这些不绝于耳的否定之语不让我有一刻安宁。它们长篇大论，喋喋不休，用这样一种说法诋毁我——无论多么努力，我永远无法成功，永远无法做得足够好。它们在我心中制造了一种极端敏感的氛围，以致我常常认为别人也是这样苛责地看待我的。

最后我意识到这些批评毁了我的情绪，我下决心消除它们——如果不这样我想我就很难再活下去。幸运的是，这一决定带来了我的康复、我的研究、我的临床工作，以及这本书。

决定让这些源于内心的批评见鬼后，我要做的第一件事，就是找出它们的来源。作为一名心理治疗师，我觉得它们可能跟家族史有关。但从我的背景中看不出什么问题。我的家族融合了荷兰、德国、挪威、瑞士那种不屈不挠的特质，具有坚定的职业道德，既不过分吝啬，也没有虐待儿童的历史。自我防卫机制提醒我，头上总有一个天花板，影响着我生活的方方面面。那我的问题是什么呢？我决定找到它。

为什么我如此缺乏自信

28年来，我对数以百计的女性和家庭做过心理治疗，这些临床经验在探寻自身奥秘时助了我一臂之力。治疗过的数十位女性都有我最终在自己身上发现的症状：过于敏感，优柔寡断，自我意识过度强烈，对自己缺乏信任，和异性的关系总不顺利，即便有所成就依然缺乏自信，且总体上没有安全感。一些人之前已经在其他治疗师那儿耗费多年而没有进展，另一些人买了大量自助书，仍未找到痛苦的根源。我的治疗对象从地位很高的成功专业人士、总裁，到待在家里的足球妈妈㊀、药物成瘾、拿救济金的母亲，再到公众人物。和我一样，她们常常觉得生活中缺乏某种重要的东西，以致自我形象遭到扭曲，生命也被不安全感所笼罩。她们像我一样，觉得自己不够好：

:: "我总是事后批评自己，内心总在反复重复着相同的对话，想知道有没有其他办法处理这件事，有时我干脆沉浸在羞愧中。大部分时候

㊀ "足球妈妈"（soccer mom）一般指家住郊区、已婚并且家中有学龄儿童的中产阶级女性。媒体有时候会把这类女性描述成忙碌或不堪重负，时常开一辆小型货车的角色。此外，足球妈妈给人的印象是把家庭的利益，尤其是孩子的利益看得比自己的利益更重要。

第 1 章
情绪的重负

我意识到自己其实没有理由感到不好意思,但我还是这样。我的确会为他人对我的看法感到焦虑。"(姬恩,54 岁)

:: "人们常常称赞我的成就:我的传播学硕士学位,我出色的公共关系事业,我写的幼儿读物——但我不允许自己接受这些应得的肯定。相反,我用那些我认为做得不好,或可以做得更好的事鞭挞自己。我总是在为我的朋友鼓劲儿,为什么对自己却无能为力?"(伊芙琳,35 岁)

:: "我对我丈夫说,等我死了,他可以为我刻上这样的墓志铭:她一试,再试,一试,再试,最后死去。"(苏姗,62 岁)

经过多年的研究和临床工作,我发现,这些让我和我的女病人衰弱的症状,其根源是一种叫作"自恋"(narcissism)的心理问题——确切地说,是我们母亲的自恋。我看到的大部分自恋的资料都是关于男人的,但当我读到对自恋的描绘时,某种东西让我豁然开朗。我意识到有些母亲在情感上过度的贫乏和强烈的自我专注,使得她们无法为自己的女儿提供无条件的爱和情感支持。我发现我的病人和母亲之间糟糕的关系,包括我和我母亲之间的问题,明显与母亲的自恋有关。

我逐渐意识到,在我和那些缺乏安全感、满足感的女病人的生活中,有一种关键要素是缺失的。那是一种受人哺育、有同理心的爱,我们强烈渴望从母亲那里得到,却未能如愿。而我们的母亲很可能也没能从她们的母亲那里得到过。这意味着,扭曲的爱,作为一种痛苦的遗产,代代相传。对自恋及它在母女关系中的呈现了解得越多,我越觉得有责任去帮助那些母亲有自恋倾向的人们建立自我理解、自信和自爱。

本书的目的就是解释母性自恋的动态影响,并在不去指责自恋母亲的前提下,提供克服这些影响的方法。康复来自理解和爱,而非指责。一旦我们理解了母亲所面对的那些导致她们无力爱我们的困难,接下来就能开始改善我们自己的生活,最终目标是了解自己、对自己负责,进而获得康复。

借助本书,读者将学会把爱指向自己,也指向你的母亲。在这个过程的开始几个阶段,你也许会感觉受伤害、悲哀、生气甚至暴怒,很快,当你越来越了解母性自恋时,将获得一种新的爱,以取代原来你从自恋母亲那里得到的扭曲的爱。

为何聚焦母女之间

自恋的家长养育的男孩或女孩,都有可能遭遇情绪崩溃。然而,母亲是女儿成长过程中最初的角色榜样,这些角色包括个人、爱人、妻子、母亲和朋友,而母性自恋的诸多方面有可能以相当隐秘的方式给女儿造成伤害。由于母女关系的动力过程是独特的,有自恋母亲的女性会面临一些和她的兄弟们截然不同的困境。

自恋母亲会将自己的女儿,而非儿子,视为自我的反映和延伸,而不是具有独特个性的他者。母亲给女儿压力,使她对周围环境的反应模式与母亲保持一致,而非出于女儿自己的考虑。这样,为了赢得母亲的爱和赞誉,女儿一直艰难地寻找"正确"的方式去回应

第 1 章
情绪的重负

母亲。女儿意识不到她取悦母亲的行为完全是任意的，仅仅取决于母亲自己的想法。最糟的是，自恋的母亲永远不会因为女儿按自己的意愿行事而称赞她，而这恰恰是女儿成长为一个自信的女性所必需的。

倘若女儿在早期的母女关系中得不到肯定，她会认为她对这个世界并不重要，她的努力也没有效果。她费尽心力想和母亲建立真诚的关系，却未能如愿，还认为没法取悦母亲，问题出在自己身上。这让女儿认为自己不值得被爱。女儿眼中的母女之爱被扭曲，女儿发现，为了和母亲建立亲密的关系，她必须时刻注意母亲的需要，不断地取悦她。这显然和被爱的感觉不同。女儿察觉到自己关于爱的图景被扭曲了，但她们不知道真实的图景应该是怎样的。这一早期习得的爱的公式——一方取悦另一方而得不到任何回报——对女儿未来的恋爱关系具有深远的负面影响，这一点将在后面一章中详述。

什么是自恋

"自恋"（narcissism）来源于希腊神话中那喀索斯（Narcissus）的故事。那喀索斯英俊、傲慢、专注于自我——他爱上了自己的模样。他对他人不感兴趣，只着迷于自己在水中的倒影，最终注视着自己的影子憔悴而死。在日常用语中，自恋指的是目中无人，过分专注于自我。与之相对，"自爱"和"自尊"，则是对自我的一种健康的欣赏和认可，这种欣赏和认可不会对爱别人的能力构成损害。

《精神疾病诊断与统计手册》（DSM）将自恋描述为一种人格障碍，

包括后面列出的 9 种特质。自恋的表现具有连续性，其一端只具有少量的自恋特性，另一端则是严重的自恋人格障碍。美国精神病学协会（American Psychiatric Association）指出，大约有 150 万美国女性有自恋人格障碍。即便如此，自恋在临床之外的影响更为广泛。事实上，每个人都有一些自恋特质，处于较少一端的自恋十分正常，不过，越朝较大的一端发展，遇到的问题也就越多。

下面是自恋的 9 种特质，包括它们在母女互动关系中呈现方式的示例。

1. 对自身的重要性有一种不切实际的理解，比如夸大自己的成就、才能和专长，使自己显得高人一等

实例：这种母亲只谈论自己和跟自己有关的事，从不询问女儿对她的看法。

∷ 萨莉不喜欢把别人介绍给母亲认识，因为母亲会不停地谈论她在儿童医院的志愿工作，给别人开药方，好像自己就是个医生。从她说的话看来，她已经拯救了许多人的性命。

2. 专注于那些关于无止境的成功、权力、才华、美貌和理想爱情的幻想

实例：这种母亲相信她的家政工作会通过她那些有名望的客户的力量给她带来广泛的赞誉。

∷ 玛丽的妈妈经常谈论她的那些"重要"客户，他们怎样依赖她，如何夸赞她，她如何相信很快将和他们中的一个一起受雇于某部电影的摄制组。

3. 相信自己是特别的、独一无二的，只能被其他特别的人、地位高的人或社会名流所理解，也只应和他们这样的人在一起

实例：这样的母亲带家人出去吃饭，会像对待个人王国里的农奴一样对待接待人员。

∷凯莉说，她妈妈过来时，全家一起出去吃饭非常尴尬，她妈妈表现得好像自己是上流社会的社交女王一样。

4. 需要过度的崇拜

实例：这样的母亲希望她对你做的每件事都得到你的赞美、感激和恭维。

∷简的妈妈偶尔才去参加孙子的足球比赛，但她去的时候，希望简一家因为她牺牲自己的时间到场而心怀感激。她动不动就提到"我为你的孩子们所做的一切！"

5. 觉得自己享有特权，比如不理性地期望自己受到特别优厚的对待，希望别人自动遵照自己的想法行事

实例：这样的母亲觉得自己非常重要，以至于凡事都要走"贵宾通道"。

∷玛西的妈妈喜欢赌博，虽然她腿脚灵便，可一进赌场立即要来一个轮椅，这样她就不用排队了。在杂货店里，玛西的妈妈会站在过道正中央，对陌生人说："你能帮我找找这个吗？"

6. 惯于进行人际关系上的剥削，比如利用他人来实现自己的目标

实例：这样的母亲只结交那些对实现自身目的有用的朋友。

::萨拉的妈妈谈论她的朋友时，说的都是他们能为她做什么，而不是他们身上可爱的地方。她妈妈最近因为一个多年好友被诊断得了红斑狼疮而结束了这段友谊，因为她怕那位朋友有求于她。

7. 缺少同情心：不愿了解或认同他人的感觉和需要

实例：对女儿说的任何事情，这样的母亲都会立即重述一遍，指出讲这件事的"正确"方式。

::坎黛西在和母亲说话时，她妈妈总是不停地用某种方式纠正她、批评她，或者鄙视她。

8. 常常嫉妒别人，或者觉得别人在嫉妒她

实例：这样的妈妈会说她没有女性朋友是因为"大多数女人都嫉妒我。"

::苏的妈妈相信自己非常迷人，因而对其他女人来说是个威胁。她常常重复欧莱雅广告里那个美女模特说的话："我很迷人，所以别恨我。"

9. 表现出傲慢、目中无人的行为或态度

实例：这样的母亲觉得自己的孩子比那些家庭条件不好的孩子优秀得多，不应该和他们一起玩。

::杰基的妈妈只允许她结交富裕家庭的小孩，因为大多数人配不上

第 1 章
情绪的重负

她那些穿着考究的孩子们。

以上 9 种特质都会体现在这类言行中:"这是我的事"或"你这人不地道"。自恋的人缺乏同情心,没有表现爱的能力。他们的情感生活显得肤浅,他们的生活是形象导向的——只关心事情在别人眼中看来是怎样的。如果你的母亲表现出众多以上的自恋特质,你也许会经常觉得她并不真正了解你,因为她从来没好好注意过你是谁。在少年时候,咱们这些女儿就相信我们必须一直守候在她们身边,我们的角色要求我们照顾她们的需要、感觉和渴望。而我们则没觉得自己对母亲有多重要。

没有母亲的同情心和爱,女儿就会缺乏真正的情感纽带,从而感觉缺少某种东西,她的基本情感需要没有得到满足。在母性自恋的严重案例中甚至存在漠视和虐待,连母亲职责的最低水平都无法履行。在一些更微妙的案例中,女儿在空虚和失去亲人的感觉中长大,却不知道为什么。我的目标就是让你理解你为什么会有这样的感觉,并让你从中解脱。

如果母亲不跟女儿建立亲情关系

成长过程中,如果父母抚育我们并爱我们,我们就会在安全感中长大——我们的情感需要得到了满足。但如果女儿没有获得抚育,就会在情感信心和安全感的缺失中长大,而且不得不学会用自己的方式获得这些东西——这对那些不知道自己为什么感觉空虚的人而言，不是一个容易着手的任务。

通常，母亲会与婴儿进行互动，对她的每个动作、声音和需要进行回应。这样她就建立起一个关于信任和爱的坚固纽带。孩子相信母亲会满足她的身体需要，给她情感上的温暖、同情、赞许，使她得以发展自立能力。但缺乏同情的母亲无法和女儿建立情感纽带，只给女儿提供母亲自己感兴趣的东西。女儿由此懂得：母亲是靠不住的。她在不安中长大，担心遭到遗弃，认为处处都有欺骗。

母性自恋不良后果的一个显著例子，是来访者盖尔给我讲述的一个梦。这个梦在她一生中不断重现，从童年持续到成年。

:: 我在夏日一片绿草地上跳舞，上面盛开着芬芳的野花，高大的树木投下树影。一条小溪唱着欢快的调子穿过高高的草叶。在一块空地上，我看到一匹漂亮的、生气勃勃的母马，毛色雪白，一尘不染，正在吃青草，没有被渐渐靠近的我所惊扰。我高兴地跑向它，想着当我把从附近树林里摘来的苹果给她时，她会发出感激和赞许的嘶鸣声。但她对我和苹果视而不见，反而恶意地咬了我的肩膀，随即转身继续觅食，仿佛什么也没发生过。

讲完这个梦，盖尔悲伤地对我说："如果我自己的妈妈都不爱我，谁还会爱我？"盖尔了解到，梦中的母马代表着她渴望已久的母亲形象，她希望自己有一个关爱自己的母亲，而在现实生活中，她的母亲一般会转过身去，她需要爱和赞赏，但母亲对此视而不见。

想要有一个无条件地、彻底地爱你的母亲，是人之常情。想把头靠在母亲胸前，感受她的爱和同情带来的安全感和温暖，是种正常的需要。当你需要她时，会想象她说："我会守在你身边，宝贝。"除了栖身之所、果腹之食、保暖之衣，我们还需要信得过的、慈爱的父亲或母亲无条件的爱。

60岁的来访者贝蒂，对我说她仍然希望有一个好妈妈，但考虑到现实，她很久以前就对此不抱幻想。"我曾经哭着进入梦乡，希望能有一个爱我、给我做一锅汤的好妈妈。"

加丽娜，我女儿的朋友，是个30岁的漂亮女人，一天下午她和我谈起了她妈妈，也告诉了我她的治疗经历。她的讲述中蕴涵着对母爱的渴望："和治疗师交谈的时候，有时我会想跳到她大腿上，和她一起蜷缩在沙发上，假装她就是那个我从未有过的母亲。

盖尔、贝蒂、加丽娜所表达的感情，是那些有自恋母亲的女性渴望母爱的典型。随着你对母性自恋及其治愈方式越来越了解，你将为自己赢得健康的肯定和爱，并且知道怎样填满原来那些情感空白。

迎接希望，告别否定

母亲的角色在我们的文化中仍被理想化，这使得有自恋母亲的女儿们尤其难以面对她们的过去。对多数人而言，很难想象有这样一种没有爱自己的女儿并抚育她的能力的母亲。而且显然没有女儿愿意相信自己的母亲就是这样的。母亲节是这个国家最广为人知的节日之一，庆祝这一节日是一种不容置疑的惯例。大家通常想象母亲把一切都奉献给她的孩子们，我们的文化也希望母亲无条件地、充满爱意地照顾家庭，并且毕生都维持一种吃苦耐劳的情绪表现——不管发生什么事都乐于助人，值得信赖。

即使大多数母亲都无法达到这一理想化的期待，它还是将母亲捧上了英雄的宝座，抑制了批评的声音。这就让那些诚实地审视或讨论自己母亲的孩子或成年人承受了不小的心理压力，如果母亲丝毫不符合神圣慈母原型，则对女儿来说，这一点尤其困难。将任何负面特性归到母亲身上，会扰乱我们的内在文化标准。好女孩学会否认或忽视负面情感，以遵从社会和家庭的期许。当然不会有人鼓励她们承认对母亲的负面情感。没有一个女儿愿意相信自己的母亲冷漠无情、伪善不诚实，或者自私自利。

我相信几乎所有的母亲都对女儿怀有良好的意愿。不幸的是，有些母亲无法把这些意愿转变为体贴的支持，帮助女儿应对生活。在这样一个不完美的世界里，即便心怀好意的母亲也有可能做错事，不经意间伤害到一个无辜的孩子。

母性自恋确实存在，一旦我们女儿开始面对这一令人痛苦的事实，我们就能开始讨论自己生活中形成的那些令人困扰的情绪模式。通过诚实地回答下列问题，你就能勇敢地审视自己的过去，并从中康复：

- 为什么我觉得不会有人爱我？
- 为什么我总觉得做得不够好？
- 为什么我感觉如此空虚？
- 为什么我总是不信任自己？

你可以感觉更好些，并找到一种更合适的生活方式。你能了解

第 1 章
情绪的重负

到母性自恋对你的影响,帮助自己成长,适应目前的状况。你也可以防止你的孩子们再次经历这类遭遇。每个女人都应该相信自己是值得爱的。我希望在你了解自恋母亲对待女儿的方式后,在你从读到的故事和建议中获得支持后,你有力量从对理想母亲形象的渴望中解脱出来。这样,你将获得成长,并喜欢上新的自己。

所以,在继续阅读后面的章节之前,你不妨先做做下面这份问卷,这样你会对你母亲自恋的程度有一个清晰的了解。即便你母亲并不完全拥有自恋人格障碍的 9 种特质,她的自恋无疑也对你造成了伤害。

问卷

你的母亲有没有自恋特质

只要拥有某些自恋特质,就有可能以隐秘的方式给女儿带来负面影响(检查现在或过去在你和妈妈的关系中是否具有这些特点)。

★ 当你和妈妈讨论你的生活问题时,她会不会转开话题,去谈论她自己的生活?

★ 当你和妈妈讨论你的感受时,她会不会把她自己的感受强加在上面?

★ 妈妈是否表现出对你的嫉妒?

★ 妈妈是否对你的感受缺乏同情心?

★ 妈妈是不是只支持你做那些让她显得自己是个好妈妈的事情?

★ 你是不是常常觉得和妈妈在感情上不够亲近?

★ 你是不是常常会问,到底妈妈喜不喜欢你,爱不爱你?

母爱的羁绊

- ★ 妈妈是不是只在外人看得见的时候才对你好？
- ★ 当你的生活出了某些状况（比如发生意外、生病、离婚）的时候，妈妈是不是更操心这件事对她有什么影响，而不是对你有什么影响？
- ★ 妈妈有没有过分在意别人（比如邻居、朋友、亲戚、同事）的想法？
- ★ 妈妈会不会拒不承认她的个人情感？
- ★ 妈妈是不是会把自己的感觉和反应归咎于你或其他人，而不认为是她自己的责任？
- ★ 妈妈是不是很容易受伤，并在问题没有得到解决时长期背负怨愤？
- ★ 你有没有觉得自己是妈妈的奴隶？
- ★ 你是否认为自己应该对妈妈的身体不适或疾病（比如头疼、压力大等）负责？
- ★ 你是不是在小时候就得照顾妈妈？
- ★ 你有没有觉得妈妈并不接受你？
- ★ 你有没有觉得妈妈对你很挑剔？
- ★ 妈妈在的时候，你会不会觉得无助？
- ★ 妈妈是不是常常让你觉得羞愧？
- ★ 你是不是觉得妈妈了解真实的你？
- ★ 妈妈是不是表现得仿佛地球该围着她转？
- ★ 你是否觉得从妈妈身边独立出来很困难？
- ★ 妈妈有没有想要支配你的选择？
- ★ 妈妈的心情是不是在任性和消沉之间摇摆不定？
- ★ 妈妈在你面前表现得虚伪吗？
- ★ 你是不是觉得在童年时期就需要照顾到妈妈的情绪？

第 1 章
情绪的重负

★ 和妈妈在一起时,你有没有一种被操纵的感觉?

★ 你有没有觉得妈妈更看重你做了什么事儿,而非你是怎样的人?

★ 妈妈是不是像一个牺牲者或殉道者那样行事,并控制他人?

★ 妈妈会使你做出违背本意的事吗?

★ 妈妈和你竞争吗?

★ 妈妈是不是非得用她的方式来接受事物?

注意:所有这些问题都与自恋特质有关。越符合这些描述,你妈妈越有可能拥有自恋特质,而这对作为女儿的你,甚至在成年以后,都会造成某些障碍。

第 2 章：
空白的记忆：妈妈和我

> 成年女性会寻找到其自身价值，让自己渐渐变得重要。但在摇摇摆摆从女孩过渡到女人的过程中，她需要别人来帮她决定自己的价值——这其中没有谁的影响比得过她母亲。
>
> ——简·沃尔德伦，《抛弃虚拟偶像》

第 2 章
空白的记忆：妈妈和我

如果你在一个由母性自恋支配的家庭中长大，成年后，你每天都竭力去做一个"好女孩"，并尽量去做别人要求你应该做的事。你相信如果你竭力取悦他人，你就能赢得你所渴望的爱和尊重。但你仍会听到发自内心的熟悉声音，向你传递负面信息，削弱你的自尊和自信。

如果你有一个自恋母亲，下面这些内化的训斥毕生都会在你耳边回响：

- 我做得不够好。
- 我的价值取决于我做了什么，而非我是怎样的人。
- 我不值得被爱。

因为你年复一年听到这些自我否定的信息——这些信息是幼年时期情感上哺育不充分产生的：

- 你感到内心空虚，总是缺乏满足感。
- 你希望身边都是真诚可靠的人。
- 恋爱关系让你很纠结。
- 你害怕变成你妈妈那样。
- 你担心自己无法成为好母亲。
- 你很难信任他人。
- 你觉得缺乏一个健康的、正面的女性做你的角色榜样。
- 你察觉到自己的情绪发展受到了阻碍。
- 你觉得从母亲身边独立出来有些困难。

- 你发现很难体验或信任自己的真实情感。
- 待在妈妈身边，你会觉得不自在。
- 你发现为自己建立一种真正的生活很困难。

即便只体验到这些感受的一小部分，你也得随身背负不少焦虑和苦恼了。一旦你对与母性自恋有关的母女互动了解得更多，你就会明白为什么会体验到这些感受。

我在关于母性自恋的研究中，区分出10种当母亲具有自恋特质时，母女之间存在的关系问题。前面说过，母性自恋具有连续性，从少量自恋特质到完全的自恋人格障碍之间，你妈妈处在中间的哪个位置，决定了这些问题中有多少和你有关。

让我们来看看与母性自恋有关的这10种母女互动关系，我将它们戏称为"10根毒刺"。为帮助我们了解这些互动是怎样在日常生活中呈现的，我会辅以工作中遇到的临床案例，以及流行文化中的实例加以解释。

10根毒刺

1. 你发现自己常常想得到爱、注意和赞许，却从来没法取悦母亲

不管女孩年龄有多大，她们都希望取悦母亲，受到母亲的赞许。早年生活中，获得注意、爱和赞许对孩子来说很重要——但这种赞许应该针对她们的真实自我，而不是父母希望她们成为的样子。而自恋母亲对她们的女儿非常挑剔，从不接受她们的真实一面。

第 2 章
空白的记忆：妈妈和我

::如果麦迪逊大街从来不把自恋母亲的女儿作为商业目标，我的来访者珍妮弗也许能在母亲面前表现得更好些。我们第一次面谈时，她就告诉我她感觉自己仿佛站在街角，上面写着："希望找份事儿做，只要能得到爱。"珍妮弗回忆说，她总是竭力取悦母亲，童年时的一件事就足以说明问题。一天，在一家百货公司里，珍妮弗看见妈妈把一只漂亮的小零钱包久久拿在手上，她明白妈妈多想得到它。虽然她当时只有 8 岁，而那个零钱包很贵，但她发誓要让妈妈得到。她在学校省下了好几个星期的中饭，直到攒够钱，为妈妈买了那只奢华的钱包。她用闪亮的红纸把它包起来，作为圣诞节的惊喜。圣诞节一早，她激动地期待着母亲对礼物的反应，但后来却差点崩溃，妈妈指责她偷东西，她把钱包扔到屋子另一头，尖叫道："我不想要一个贼给的礼物！"

::明蒂将自己描述成"一团糟的家伙"，她母亲则是"鸡蛋里挑骨头的洁癖女人"。她告诉我说："我花了好几年时间，想要成为一个干净的、有条理的人，以获得她的肯定。但我跟她不一样，我是右脑取向的，我希望让事情井井有条，但事与愿违，事情总是杂乱无章。我觉得我是创造型的人，但她不喜欢那样的人。现在我已经 50 岁了，她来我家，看到客厅地板上凌乱地散落着报纸，还是忍不住要说我。"

::丽奈特一直得不到母亲的肯定。她妈妈是一位有才艺的钢琴家，丽奈特起先也努力以她为榜样。虽然她学了多年钢琴，办过些独奏会，却永远无法达到母亲的期待。她告诉我："直到现在，我弹错时妈妈还取笑我。"丽奈特觉得，也许她在找男朋友这件事上，总算做得不赖吧。"遇到我丈夫时，我对自己说，让妈妈来见见他，她会喜欢上这男人，并为我选了这样的人而高兴。我希望妈妈欣赏他,使我能最终得到肯定。但见过他后,妈妈问我有没有觉得他很可爱,她觉得他看起来有些粗鲁,不如她希望的那么优雅。"

∷ 布里吉特还记得给母亲送礼物以表敬爱的事。她给妈妈的那块母亲节纪念牌让她感觉特别伤感,上面刻着:"世上最好的母亲。""妈妈的确不怎么喜欢,她把它挂起来,过了一会儿取下还给我。她说等她重新装修厨房时,这会跟厨房的风格不搭调。我现在还留着它。后来我就不再坚持要给她了。"

2. 你母亲更在意事情看上去好不好,而不是事情让你感觉如何

"看上去好比感觉好重要多了。"这样的话很可能是自恋母亲的口头禅。对她而言,最重要的是事情在朋友、亲戚、邻居眼里看起来很棒,而不是自己感觉很好。自恋母亲会把你看成她的附属部分,如果你看起来很优秀,那么她自然也是。也许表面上她挺关心你,但最终,这一切只跟她和她给别人留下的印象有关。她之所以重视你的言行举止,只是因为这反映了她微妙的自我价值。当你不在舞台上,周围没有观众时,她也开始对你视而不见。不幸的是,你的内心感受对她而言并不重要。

∷ 28岁的康斯坦斯告诉我:"我母亲干涉我生活的方方面面——我的身材怎样,穿什么衣服,应该把头发染成什么颜色,甚至是我的职业。我从没胖过,但我12岁时她就让我吃减肥药,15岁时就给我化妆,理由是,'女人不打扮,没有男人爱'。我不赞同她的品位时,她就批评我,

第 2 章
空白的记忆：妈妈和我

鄙视我。即便现在我已经长大，回家时还是得先按照妈妈的那一套把自己打扮起来。去探望她之前，我得节食两个星期。"

::格拉迪斯讲了些童年往事，那时她妈妈想做个好母亲，"但她就是不能用胳膊搂着我来安慰我。一次，我没有通过高中一场演出的试音，感觉十分伤心。我需要的只是一个拥抱，我想她也为我感到遗憾，但她的反应没法跟我的感受协调。她做了一件奇怪的事：出去给我买了一双拉风的高筒靴，自豪地对我说，即便我内心感觉不好受，至少第二天在学校里我看上去会很棒。现在我怀疑她是不是因为我没有通过试音而觉得丢了面子。"

3. 妈妈嫉妒你

母亲总会为自己的孩子感到自豪，希望他们光彩照人，但自恋母亲会把她的女儿当作一种威胁。你也许已经注意到，一旦你把别人的注意力从母亲身上引开，就会遭到报复、压制和惩罚。自恋母亲嫉妒女儿的原因很多：女儿的相貌、物质财富、成就、教育水平，甚至是女儿和父亲之间的关系。这种嫉妒对女儿来说相当棘手，因为它包含着双重信息：做好一点能让妈妈自豪，但不要做得太好，以免把妈妈给比下去。

::萨曼塔总是家里的次要人物。她说，她的大部分亲戚都体重超标，她妈妈也身材臃肿。她 22 岁那年，妈妈把她的衣服从衣橱里扯出来，扔到地上，叫道："这年头谁还穿 4 号的衣服？你以为你是谁？你肯定得了厌食症，我们得为你做点什么！"

:: 32岁的菲利斯对我说:"妈妈总希望我漂亮一点,但不要太漂亮。我的腰很细,但如果我系根腰带,突出腰部线条,她就会说我像个荡妇。"

:: 玛丽悲伤地说:"妈妈说我长得丑,却希望我漂漂亮亮、光彩照人地出门去!我当上校友会女王的候选人时,妈妈一面在朋友面前表现得很自豪,一面却惩罚了我。这儿有一条让我崩溃的教训:真实的我是丑的,而我在生活中还得扮得漂漂亮亮的,我至今无法接受这种逻辑。

:: 艾迪上高中时,对模特职业很感兴趣,开始打听模特学校和模特培训的事情。她最终在商场里找到了有趣的模特工作,并因能做自己喜欢的事而激动万分。然而,她妈妈的嫉妒,阻碍了艾迪梦想的实现。妈妈上网找到几个专为40岁以上的人设的选美比赛,她让艾迪帮她报名,艾迪照做了,母亲也赢得了其中一场比赛。这一年圣诞节的家庭贺卡,印的就是母亲在选美比赛中的照片,下面有一行母亲写的广告语,大意是想做的事永远不嫌晚之类。艾迪从未对妈妈说过什么,但内心感到深深的失望和丧气。她从来没有去追求自己渴望的模特职业,因为这样一来,和妈妈的竞争就势不可当了。艾迪在治疗中回忆起这段往事时,悲伤地说:"这些好事从来都跟我无缘。"

:: 50岁的劳拉是家里最小的女儿,和父亲很亲密,"但母亲不喜欢我老待在他身边,好像她嫉妒我们的关系一样,因为她总是需要大家都把注意力放在她身上!她曾经说过这样的话:'你爱你爸爸,但你不爱我,你什么都听爸爸的。'"我想劳拉母亲真正的意思是,丈夫把注意力放在女儿身上,这一点对她构成了威胁。劳拉还说,有一次她和父亲在

第 2 章
空白的记忆：妈妈和我

院子里种花时，母亲曾朝他们扔石头。

4. 妈妈并不支持你进行健康的自我表达，尤其当这些表达和她自己的需要相冲突，或威胁到她的时候

孩子在成长过程中，需要体验新事物，学会判断自己喜欢什么，不喜欢什么。这是自我意识发展的一部分。自恋母亲会控制孩子的兴趣和活动，使孩子围着母亲认为有趣、方便、安全的事情转。她们并不鼓励女儿真实的需要和欲求。这甚至会扩展到女儿是否要生育下一代的决定上。

:: 在电影《母女情深》中，一家人围在餐桌前吃饭时，女儿宣布说自己怀孕了。母亲尖叫着跑出房间，说她还没有准备好当外婆。显然，怀孕这事儿和女儿没关系——都是母亲的事。

:: 和影片中的女儿一样，由于杰瑞的母亲看不到别人的需要，杰瑞的自我表达能力遭到抑制。杰瑞儿时就有艺术天赋，三年级就开始获得艺术奖项，后来她的一幅画获奖，得到了一所艺术学校的全额奖学金，但她并没有从中获益。"我从来没有用这个奖学金，"杰瑞告诉我，"因为妈妈不想开车送我去学校，她嫌麻烦。"

:: 鲁比早年很希望参加学校里的各种活动，但当她成为学校音乐剧的主演时，母亲暴怒了。她尖叫道："你不可能有时间参加所有的排练！你没法做好家里的事了！"在鲁比做家庭作业前，妈妈每天都要让她做完所有家务，更别提有时间背台词了。母亲让鲁比在排练期间的日子非常不好过。但最后音乐剧上演，鲁比仍然表现出色时，她却举行了一个盛大的派对，邀请她的朋友来祝贺"我的明星女儿"。鲁比的朋友却没有一个收到邀请，母亲似乎忘了告诉鲁比，她确实表现优秀。

::有的母亲会觉得女儿的成功是种威胁，甚至不去参加女儿的毕业典礼。玛利亚对我说，她妈妈没有参加她的大学毕业典礼，理由是那天天气太热了。玛利亚并不感到惊奇。按照玛利亚继父的愿望，他留下的信托基金应该用来给女儿支付大学教育费用，但妈妈不但没有给她，反而花在自己身上。玛利亚说："为了读完大学，我没日没夜地工作，不能指望从她那儿拿到一分钱。"

5. 在家里，所有的事都围着母亲转

虽然"所有的事都围着母亲转"是本书的主线之一，我还是要在这里就提一下这根"毒刺"，并给出它在母女互动中发生作用的一些具体例子。自恋母亲往往相当地以自我为中心，根本意识不到自己的行为对他人——尤其是她们的孩子所造成的影响。我妈妈最近也表现出这种行为模式，不过这次我已经明白怎么处理了。当这本书的交稿日期即将来临，我成日忙于文字时，妈妈要我去看看她和爸爸刚搬进的新居。他们前不久才来我家看过我，而且我对她解释过，我这段时间不仅忙于写稿，还在经营一个全日制的事务所。我清楚地告诉过她，最好是等我在写书的事情上多有些进展再说。她说："我们都有自己的目标，而且并不是都能按时完成。你得开始做点普通人做的事情了。"换句话说，我目前生活中那些重要的事其实并无所谓，重要的是她想让我做的事——去看看她。过去，我会去做母亲希望我做的每一件事，不管这对我、我的日程安排和经济状

第 2 章
空白的记忆：妈妈和我

况会造成何种影响。感谢上帝，如今我康复了！这次，我坚持了自己的立场，对她说我会在合适的时候去看她。

:: 索菲几个月来一直遭受抑郁症的折磨，生活的方方面面都受到影响，看过医生后，她感觉好多了。医生给她用了抗抑郁药。长久以来，索菲第一次希望自己能尽快康复。她对母亲说想试试百忧解，还给她看了处方。母亲夺过药瓶，把药片扔掉，说道："你怎么能这样对待我？难道我是个不称职的母亲吗？"

:: "所有的事情都围着母亲转"甚至会明显地表现在母性竞争中。在潘妮举行婚礼前，她母亲抢走了大家的注意力。"我在商店里看到一套很漂亮的银糖罐和奶壶。我回去和家里人商量，想用我们攒下置办婚礼的钱来买，但一周后我去商店时，发现这套东西已经被买走了。我没想太多，直到圣诞节早上，我们一家人拆礼物的时候，才看到妈妈从爸爸那儿得到的礼物，恰恰就是这套东西。确实是她让爸爸去商店买的。最郁闷的是，她在一个婚礼前的聚会上用这套银餐具来寒碜我。南方有这样一种风俗：婚礼前大家要聚在一起喝茶，并把收到的礼物放在一个桌子上展示。妈妈布置的事实上是一个她自己的展示桌。大家看过我的桌子后，妈妈会说：'现在来这儿看看我买的这套漂亮的银糖罐和奶壶。'她从没意识到这种竞争对我的影响。"潘妮的妈妈处心积虑地想要表明，这一切都跟她有关。

:: 帕特里夏的妈妈来自纽约，有着那个城市所特有的腔调。"每当她不想谈论我引起的话题，而只想谈论她自己时，她就会用这样的眼神看我一眼，说：'管他呢。'然后直接含讥带讽地谈论自己的处境和感情。"帕特里夏妈妈的二字箴言是"快"和"狠"。

∷自恋母亲看待一切的出发点是这件事对她有什么影响，有时即便一个婴儿的行为也会被她误解。在电影《四月碎片》中，妈妈（帕特里夏·克拉克森）描述有多讨厌自己的女儿（凯蒂·赫尔墨斯）时说道："我给她哺乳时，她甚至咬我的奶头。"我们想象那个女婴可能会这样回答她："噢，妈妈，我不是故意的，我只有几个月大！"

6. 你的母亲没有同情心

缺乏同情心是自恋母亲的标志性特色。当女儿在一个没有同情心的母亲身边长大时，她会觉得自己不重要，她的感受无足轻重。不管这发生在一个小女孩身上，一个大姑娘身上，还是成年女性身上，她们经常会再也不谈论自己，或者索性放弃调整自己的情绪。

∷艾丽丝因为离婚的事忧心如焚，妈妈却不断在细节上给她施压，而这事无补。她会问艾丽丝："房子归谁？监护权的事情怎么样了？你请了哪位律师？"艾丽丝不情愿地回答了母亲的所有问题，但当她想跟妈妈说说离婚的感受时，妈妈什么问题也没有了。不仅如此，她又把话题转移到艾丽丝打算要多少赡养费，她的律师接下来要采取什么措施。由于母亲无法体验艾丽丝的情感痛苦，艾丽丝觉得自己在她面前无足轻重。艾丽丝不断问自己："那我的感受呢？难道我不重要吗？"

∷在20世纪90年代的电影《来自边缘的明信片》中，女儿苏珊娜（梅丽尔·斯特里普饰）一直对母亲多丽丝（莎莉·麦克琳饰）很生气，

第 2 章
空白的记忆：妈妈和我

因为她不承认、也无法感受到女儿的痛苦。当苏珊娜进入戒毒所时，母亲谈论的只是她的头发、她化的妆、房间的装饰风格……唯独没有谈到戒毒对女儿有什么好处。苏珊娜戒毒成功后，多丽丝举行了一次聚会，表面上是为了女儿，事实上只邀请了她自己的朋友。聚会上，多丽丝让苏珊娜唱首歌，苏珊娜唱的是"*You Don't Know Me*"，此时母女之间的隔阂更加突出。母亲还以颜色，献唱一首"*Im Here*"来羞辱女儿，歌里提示在女儿戒毒的那些可怕岁月里，母亲如何坚守在她身旁。在这次丢人的宴会上，苏珊娜最后唱道："我要离开这家伤心旅馆。"这位女儿需要做的，就是离开母亲这个没有同情心的世界。

记得在我自己摆脱母性自恋影响的过程中，有过一个转折点，那时我清醒地意识到，妈妈根本不想听到我的消息。然而我还是坚持在电话里告诉她我在做什么，叛逆性地强迫她听见。她总是等谈话告一段落，就把电话递给爸爸。有时我会计时，看看听到爸爸的声音前我能说多久。由于没有同情心，她只能待到一边，把长辈的角色暂时让给爸爸。等到她又一次破了纪录——只说了几秒钟就把话筒给了爸爸，我决定到此为止。我已经得到证实，没有必要让我们俩都不舒服。

7. 你母亲没法处理好自己的情绪

自恋的人不喜欢面对情绪——包括他们自己的。我接触过的许多女儿在成长过程中都否认或者压制自己的真实情感，以表现出妈妈喜欢看到的样子。谈到情感问题时，她们会说自己的妈妈"像石头一样冰冷"或者"会渐渐销声匿迹"。一些人说妈妈只会表达愤怒，而且经常表达。当母亲的情绪只局限在冷酷、中性或愤怒中,而她又不许自己或女儿表达真实情感时,两人的关系将会流于表面,极少有情感纽带。

∷布兰达对我说:"妈妈处理情感的方式像龙卷风一样,所到之处屋毁人亡。她经常大叫、咒骂,所有的事都是别人的错。她对自己的情绪简直放任自流。"

∷海伦大学毕业后,去欧洲做了一次难忘的旅行。她遇到一个男人,打算嫁给他。她殷切地打电话回美国,想跟妈妈说说自己的感受。妈妈说了一句"我不想讨论这件事"后就挂了电话。直到今天,海伦仍然不知道妈妈当时在想什么。海伦如今已40多岁,但她从没有就这次严重的情感事件问过母亲。她早年就已学会,永远不要提及"情感问题"。

∷斯泰西很想跟母亲谈谈她的童年,但她从未能如愿,因为母亲总会很生气。斯泰西曾接受过心理治疗,有明显的康复。父母来镇上看她时,她打算和他们好好谈谈。这次,她觉得自己的进步能改变和母亲的沟通方式。他们在院子里话家常,说说孩子们,以及那天接下来要举办的家庭烧烤宴会。斯泰西对母亲说,她希望能和母亲坦诚相见,就像现在她和自己的孩子坦诚相见一样。但她一提到童年经验,母亲就转移话题,说起花园里的蕨草。这次母亲没有生气,而是拒不开口,全面撤退,把斯泰西一个人晾在那儿。一阵尴尬的沉默后,母女俩又回到家庭聚会食物的话题上,仿佛什么也没发生。斯泰西在治疗中告诉我这些事时,我问她有什么感觉。她一言不发,但若无其事坐了几分钟后,眼泪滚落

第 2 章
空白的记忆：妈妈和我

下来。她叹了口气，说道："她心里没有我，我们的心不在一处。"

斯泰西意识到，她母亲没有能力处理自己的情感，更别提女儿的；她和母亲的感情距离是无法跨越的。

8. 母亲爱挑毛病，指责别人

对成年人而言，老被别人挑毛病，被当小孩对待，不是件舒服的事儿。我们会变得对每件事都过于敏感。由于自恋母亲对自我的知觉很脆弱，她们往往喜欢挑剔、指责别人。她们总是把女儿当作自己不良情绪的替罪羊，会因自己的不快和不安全感责怪女儿。而孩子——有时也包括成年后的女儿——并不懂得母亲爱挑毛病是因为她对自己感觉不好，于是她们对这些批评照单全收，无法意识到它们是不客观的，是母亲心情沮丧的结果（"我的表现肯定非常糟糕，否则妈妈不会这样对我"）。我们早年接收到的这些负面信息渐渐内化——我们相信这是真的——这给我们今后的生活带来重重障碍。自恋母亲的这些挑剔和批评，让女儿从内心深处觉得自己"永远不够好"。这种信念难以动摇。

::玛里琳独特的天赋被母亲忽视，母亲只能看见（而且只会批评）她所谓的玛里琳的缺点。母亲是位优秀的舞蹈演员，她欣赏那些有乐感的人，尤其是舞跳得好的。玛里琳刚会走路、说话，妈妈就送她去上舞蹈课。但玛里琳擅长的是唱歌，而非跳舞。"妈妈说我是朽木不可雕。她甚至对她的朋友这样说，我还记得他们的嘲笑。虽然我歌唱得很好，她却只会说：'她居然不会跳舞，太糟了。'"

∷ 莎伦第三次结婚时，害怕告诉自己的父母，因为她知道母亲会谨小慎微，吹毛求疵。莎伦把这个令人激动的消息说出来后，妈妈说："我可以在吉尼斯世界纪录上留名了，我只有一个女儿，却有三个女婿！"莎伦对我说这件事时，哭了整整一个钟头，而我不得不承认，我跟她一起哭了。

∷ 安很好地适应了治疗，努力想摆脱对别人的依赖，但妈妈已经影响了她的世界观和自我认识。"我对自己的能力不自信，我总觉得妈妈在身后看着我，而我哪怕犯了再小的错误，她都会瞧不起我。我做每件事时，都想着母亲会怎么看。她的看法一直在我头脑中盘旋。"

∷ 克莉丝对我说，她害怕邀请妈妈来参加她的婚礼。"妈妈以为她什么都知道，吹毛求疵，指指点点。我怕她会在婚礼进行中安静肃穆的时刻说道：'他们两年内肯定会离婚。'"

9. 你妈妈把你当朋友，而不是女儿对待

在健康的母女关系中，母亲是养育孩子的一方。女儿需能够依靠母亲得到照顾，而不是反过来。在这一过程中，母亲和女儿不应成为朋友或同伴。但有自恋特质的母亲自己就没有得到过恰当的照料，所以她们内心深处都是些饥渴的孩子。女儿是她们的俘虏观众，天生就是她们所渴望的注意力、情感和爱的来源。所以，她们往往把自己的孩子视为朋友，而非后代，借她们来支持自己，满足自己的情感需求。有时，对女儿而言，获取母亲积极回应的唯一方式，就是做母亲忠实的朋友。女儿也许会心甘情愿陷入朋友的角色中，很长时间都意识不到这种关系存在的问题。

第 2 章
空白的记忆：妈妈和我

::从特蕾西记事起，她和母亲的关系就像最好的朋友一样。她说："我12岁时就跟妈妈和她的朋友们打成一片。我给她的朋友剪头发，我们还一起节食。我和妈妈完全沉溺其中。关于她的朋友、我父亲、他们之间的关系，甚至性事，她都对我无所不谈。有时听她说这些事情让我觉得不舒服，不过这并不重要，她需要我做一个忠实的听众。"

::谢丽尔成长在单亲家庭中，母亲常常和别人约会。回家后，她会事无巨细地向谢丽尔描述她的约会对象、他们在一起做了什么、她对他感觉如何。"妈妈生活的全部内容就是约会，而我不得不倾听所有这些胡闹。我真希望妈妈对我和我做的事情感兴趣，但我们总得讨论她的男朋友，她的感情生活。"谢丽尔还说，妈妈大多数时候都把她扔给保姆，从不去看她在学校里的各种活动。"她甚至不知道我和谁约会，我在学校里做些什么，我却对她的社交圈了如指掌。"

有许多成人的话题是不该让儿童知道的。应该允许孩子就做个孩子，关心那些跟他有关的事，而不要用成人的烦恼给他们增添负担。自恋的家长会让孩子提早进入成人的世界。举例来说，当自恋母亲经常向女儿泄露夫妻关系的问题时，她并不知道这会对孩子造成多大伤害。女儿知道，她和爸爸妈妈都有共同之处，所以批评父亲的同时，似乎也是在批评女儿。对女儿来说，父母都应该是可以信赖的人，但当妈妈和女儿分享成人的烦恼时，健康的信赖关系就会难以建立；由于没有可以信赖的父母，女儿会觉得孤独，没有安全感。同时，她也因为不能解决父母之间或母亲自己的问题而感到内疚。她再次收到这样的内部信息："我不是个好孩子（因为我没法帮妈妈解决问题)。"在第二部分中,我们将看到这种自我否定的信息怎样对女儿成年后的恋爱关系产生影响。

10. 你在妈妈面前没有界限,没有隐私

和母亲产生情感上的疏离,会对孩子的心理成长造成不可小觑的影响。但自恋母亲不允许自己的孩子成为一个独立的个体。相反,女儿得满足母亲的需要和愿望。这就给女儿带来一个严重的问题。她的家庭生活没有界限和隐私。妈妈对她无话不谈,完全不考虑合不合适——同时也把女儿的事情都告诉别人,不管有多尴尬。自恋母亲通常根本不觉得这有什么问题,对女儿的健康成长有什么影响。对母亲而言,孩子只是自身的附属部分。

∷ 当谢丽尔重新跟她的高中同学取得联系时,谢丽尔的妈妈就越过了人际边界。"能联系上儿时的好朋友,看看她长大后在干什么,我觉得非常激动。我们在初中和高中都是很亲密的朋友,以后就失去了联系。她弄丢了我的电话号码,但通过电话簿找到了我的父母。我妈妈接了电话,和她聊了很长时间,向她吹嘘我做了医生,还开了自己的诊所。接着很快跟她说了我失恋的种种不体面的细节。等到我终于能和我的朋友说话时,她最先打听的就是我的恋爱关系。我立刻感到羞愧、尴尬——还觉得受到了母亲的侵犯。为什么她不让我来向我的朋友讲述我的生活和问题?这样我就可以解释清楚事情的真相和原因了。"

∷ 玛丽恩的妈妈不时用一把钥匙偷偷潜入女儿的房子,检查她操持家务的情况。临走时她会留下一些语气恶毒的便条。其中最后一张这样写道:"我怎么把你养成这么个笨蛋!冰箱里会长虫的!你可以用那个模

第 2 章
空白的记忆：妈妈和我

子做点青霉素了！'"

::露丝的妈妈在女儿男朋友的事情上完全不知趣。"妈妈对我的男友又是亲吻又是拥抱，我们分手后她甚至会和他们上床。有一次，在我的生日聚会上，她当着我所有朋友的面，和我的前男友拥吻爱抚。而她那时身为人妻！当我质问她时，她说：'好啦，他让我去他家，但我没有答应。'我对她说：'妈妈，谢谢你的体谅！'"

::妮可·斯坦布里在其引人入胜的小说《寻找母亲的地方》中，描述了母女之间隐私的缺乏。母亲对女儿的需求视而不见，认为女儿在用洗手间时她也能进去。女儿说："你总是闯进洗手间。我们不能用锁，而你也不敲门。"妈妈答道："难怪我成天焦躁不安、神经衰弱。我什么也不能做，动一动手指头就要被人指责。我不知道你怕我看到什么，有什么见不得人的。你连阴毛都没有！"这位母亲不仅不尊重女儿的隐私，还把不礼貌的行为怪到女儿头上。

想要成为一位健康、成熟、独立的女性，女儿需要认知到一个和母亲相区别的独立自我。自恋母亲不理解这一点，她们自己的不成熟和不满足，妨碍了女儿的自我成长，进而阻碍了情感发展。

我在镜中何处

很不幸，由于这 10 根毒刺的不利影响，当自恋母亲的女儿想在镜中寻找自己的形象时，会发现依稀难辨。她对自我的知觉，只是母亲对她的看法的反映，而这一形象，常常呈现出负面色彩。

在成长的每个阶段，女儿都会不由自主地将自恋母亲常年来传递的负面信息和感觉加以内化。你可能已经忘了具体的事情或是情感伤害，但很可能还记得那些自我否定的信息。我们这些女儿带着它们进入成年生活，它们造就的潜意识的情绪和行为模式，给我们的人生带来难以克服的困难。了解了它们的来源和影响，你就能消除它们，开始建立关于自我的健康信念。通过认识母亲是如何发展起自恋行为的，你可以取代这些负面的声音，改变你的自我形象。正如我们在下一章中讲到的，沉溺于自我的母亲，其自尊心很脆弱，因而会把她对自我的厌恶投射到女儿身上。母性自恋有多种表现形式，在第3章中，我们将探讨自恋母亲的不同类型。

第3章
母性自恋面面观

> 所有的生活，所有的历史，都发生在身体中。我正在试图了解，那个曾把我装在她体内的女人。
>
> ——希德·沃克，《Ya Ya 私密日记》

只有当母亲自己拥有自信、自爱和自我认识时，才有可能帮女儿培养这些品质。而且，为了能让它们顺利传承，母亲需要创造一种和女儿的深入、平衡的关系。自恋的问题之一是它不允许平衡。自恋母亲的女儿们生活在极端化的家庭环境中。多数自恋母亲忠实于代代相传的扭曲的爱的方式，要么过度履行自己的职责（事必躬亲型母亲），要么履行得不够（心不在焉型母亲）。虽然这两种养育方式看上去是对立的，对孩子来说，负面影响却是一致的。你的自我形象会遭到扭曲，不安全感挥之不去。

事必躬亲型母亲让人透不过气来，似乎对女儿的独特需要和欲求毫无察觉。如果你是这样被抚养长大的，很有可能你的天性、梦想，甚至对你而言最重要的人际关系，都很少得到发展。妈妈不停地向你传递信息，告诉你她希望你成为怎样的人，而不是让你肯定自己的天性。由于十分渴望得到她的爱和赞赏，你顺从了她，并在这一过程中丧失了自我。

如果你是被心不在焉型母亲带大的，她一而再再而三给你的信息，就是你无足轻重。她心里就是没有足够的地方来容你。结果你被看轻，被忽视。严重心不在焉型母亲的孩子，甚至得不到最基本的食物、住处、衣服和保护，更不要说指导和情绪支持了。缺乏稳定的家庭环境会让孩子缺乏安全感，孱弱多病，学业受影响。肉体上和情绪上的忽视传达给你的信息是，你无关紧要。

不管是事必躬亲型还是心不在焉型，自恋母亲都会让女儿的个体化（对自我的独立知觉）难以完成。情感需要没有得到满足的女儿，会在今后的岁月里不断回到母亲身边，希望得到她们的爱和尊敬。那

第 3 章
母性自恋面面观

些情绪"油箱"加满的女儿们,则有信心以健康的方式独立出来,成为成年人。在稍后的康复章节中,我们将对此进行更深入的讨论。现在,我们来看看两类母亲的各个侧面,及其对女儿的影响。

事必躬亲型母亲

这类母亲试图影响、控制女儿生活的方方面面。她替女儿做决定,左右女儿的穿着、行为、言谈、想法和感觉。女儿几乎没有自我成长或发现自己天性的空间,在许多方面都成了母亲的附属物。

事必躬亲型母亲常常看上去很伟大。她们非常关心女儿的生活,平时不是在为她们做事,就是在和她们一起做事,所以外人总觉得她们是非常积极、投入的母亲。然而,这些行为削弱了女儿的自我形象,让她们产生无用感,这对她们而言是悲剧性的。自恋母亲对这种破坏毫无察觉,总是被这些行为的后果搅昏了头,而这当然无助于减轻最后的影响。

∷ 米丽亚姆 28 岁,已经订婚,为争夺对自己生活的掌控权,她和母亲陷入了一场激烈的战斗。母亲不认可她的未婚夫,费尽心机干预他们,甚至在他工作的地方对别人说他的坏话。"妈妈希望这些话传到我耳朵里,让我以为未婚夫是个失败的人,永无出头之日,迟早会抛弃我并离开这个镇子。"

∷ 托比的母亲常常对她说:"让我来告诉你一些恋爱的经验之谈。" 48 岁的托比将母亲描述成一个"喜欢男人,并指导我怎样控制他们"的人。

托比到了约会的年龄，妈妈会教她怎样保持男人对自己的兴趣，在她不会卖弄风情时给她指导。"她会解开我上衣的第一颗纽扣，告诉我怎样会更性感。"托比还记得妈妈一本正经地建议道："如果你不跟他们上床，你就会失去他们。"

∷桑迪的妈妈总希望女儿和自己一样。她骄傲地告诉别人她总是想克隆一个自己。开始康复时，桑迪发现她不得不对抗全家人认为她是个青春版的妈妈这一观念。"我和妈妈是联系在一起的，但我得让所有的亲戚都别再把她的过错强加到我身上成为负担。"

娱乐圈的母亲是事必躬亲型母亲的典型例子，她们喜欢带着孩子参加各种儿童选美游行，或《艺界爸妈》(*Showbiz Moms and Dads*)这类电视节目。一本流行杂志上登着关于这类节目的广告，图上是一位用力把自己的小公主推上舞台的母亲，旁边的文字是"一些父母想成名都想疯了"。这不禁让人担忧，这类体验会怎样影响那些幼小、被操控的儿童的心智，而她们将来又会成为怎样的女人。

音乐剧《吉卜赛人》塑造的是典型的事必躬亲型母亲。"唱出来，路易斯。"女儿站在舞台上时，妈妈说道。在原版电影中，罗莎琳德·拉塞尔饰演母亲罗斯，一位派头十足，喜欢社交的自恋母亲，试图将她的两个女儿，路易斯和琼，送进演艺界。罗斯认为小女儿琼更有天赋，她结了婚另组家庭后，罗斯将实现其抱负的希望寄托在大女儿路易斯（纳塔莉·伍德饰）身上。在这部作品中，女儿们的反应很有意思。琼最终厌烦了做"小可爱"并逃离，路易斯则通过成为著名的脱衣舞女郎"吉卜赛姑娘罗斯·李"进行反叛。两位女儿都没能实现母亲的梦想。

我们每个人都怀着一种过自己的生活（而非母亲的生活）的强烈愿望。然而自恋母亲给孩子施加压力，让孩子像她那样待人接物。这样长大的孩子在做决定时，想的是怎样能赢得母亲的爱和赞赏。这样的女孩习惯让母亲来为自己考虑，今后会很难为自己建立一种真正的、健康的成人生活。

心不在焉型母亲

心不在焉型母亲不给女儿提供什么指导、情绪支持、情感共鸣。她们从来不考虑，甚至否认你的情绪。即便有了我母亲对我灌输的理念："我有地方住，不愁吃，不愁穿，还要怎样？"我的内心仍然非常痛苦——像其他那些被母亲无视的女儿一样。

:: 喜剧片《风情妈咪俏女儿》刻画了一位不负责任，沉溺于自我的母亲（谢尔）。在这部电影中，所有的事情都围着妈妈和她的圈子转，女儿们的情感世界则空无一物。片中女儿们的一些台词表达了这一点："这就是我们的妈妈。为我们祈祷吧。""妈妈什么都有可能是，唯独不是正常人。""妈妈，我不是空气。"

一个女孩如果幸运的话，能找到另一个成年人，帮她识别、确证自己的感觉，并提供一些指导。此人能成为一位情绪的救生员。比如，在玛丽成长过程中，她的母亲拒绝教她一些重要的事情。"我13岁开始来例假的时候，都不能去找妈妈。出现任何暗示了性的事情,哪怕在电视上,妈妈都会说:'不要跟我谈性,我不想谈。'当我需要私人用品时,都找姐姐或老师。向我解释月经的人,正是我的老师。"

在我的心理治疗实践中,见过很多外表看来关系挺好的母女,而事实上,女儿心中却有深深的痛苦、困惑和沮丧。我总是告诉那些女儿我是个"情感"医生,因为我想让她们第一时间知道我的工作室是谈论情感问题的地方。而这一点常常被她们的母亲忽视、低估、否认。在怎样谈论情感,怎样开始康复的事上,孩子往往比他们的父母学得更快。

心不在焉的对待方式会给孩子的生活带来很深的情绪鸿沟,这种鸿沟甚至会持续多年而不被发现。相比之下,肉体上的虐待和忽视更易被发现。当自恋家长不能,或者不愿满足孩子的最基本需要(确保他们安全、健康、可以上学)时,问题就会浮出水面。

我遇到过很多受虐待、被忽视的孩子。帮助这些孩子已逐渐成为我的职业专长和自我恢复的方式,也让我有可能为这些孩子做点什么。我内心有种帮助这些小女孩的需要,尤其是那些有待收养,或者住在寄居家庭里,渴望拥有母亲的孩子。

有许多孩子想让我带他们回家,有个可爱的8岁女孩曾说:"卡瑞尔博士,你会做饭吗?你们家有几间卧室?有玩具吗?"然后她平静地补充道:"如果我能去你家,我每天都洗碗,还擦窗户!"如果不是我的职业道德不允许这种做法,我可能已经在家里开孤儿院了。我的一位受人尊敬的同事琳达·沃恩,也是以帮助受虐待和被忽视的孩子为业。有一个从自恋母亲的家中被带走的寄养小孩,曾和琳

第3章
母性自恋面面观

达深入地相处过。琳达后来写了这样一首诗：

亲爱的妈妈，

我表现很好，

在学校每门功课都得A，

再也没在上床时间哭鼻子，

虽然新妈妈说我还会这样。

我记得你有多讨厌眼泪，

你的耳光让它们消失无踪。

为了让我变得坚强，

好像很有用。

我学会了用显微镜，

我的头发长了。

很好看，像你的一样。

他们不许我打扫整幢房子，

只准清理自己的房间，

这个规矩是不是很滑稽？

你说孩子是个大麻烦，

出生了，最好有所偿还。

别期待我去照顾别的小孩，

只有自己，我有几分喜爱。

我肚子里有个地方还是空空的，

做错事时，

母爱的羁绊

我镜子里有句格言:

"没有不犯错的小孩,一切都会好。"

我每天诵读,

有时甚至真的相信。

我想知道你有没有想念我

还是摆脱了我这个麻烦,很开心,

我从未想再见到你,

我爱你,妈妈。

有时,这些孩子食不果腹,住在阴冷潮湿、不卫生的地方,没有医疗护理,或者在身体、性、情绪方面遭受虐待。不幸的是,这种虐待和忽视发生的范围很广泛,虽然社会服务机构每天都受到指责,但感谢上帝,那些可怜的孩子还能依靠它们。

∷玛德琳,一个讨人喜欢的10岁女孩,在家大部分时候都是自己照顾自己。虽然家庭环境不错,她心中却有不少希望。"妈妈从不给我们做饭。像电视上那样,一家人围坐在桌前一起吃饭,这种事情我们从来没有过。我自己做饭,我最会做罐头汤和干酪通心面。"一天,玛德琳打算为妈妈做顿饭。她做了些"相当好吃"的意大利面和水果饼。当小玛德琳宣布开饭时,妈妈却说她正在节食,而且不饿。"既然我已经在桌上摆了两个盘子,"玛德琳自信地斜着头说道,"我先在我的盘子里装食物,吃掉;然后在她的盘子里装食物,吃掉。我假装她也在那儿,我一人假扮两人,甚至装作她在跟我说话:'唔,你过得好吗?你今天干了些什么?'"

第3章
母性自恋面面观

∷ 70岁的玛丽恩对我讲了她姐姐的可怕故事。"我姐姐16岁时失踪了。一天晚上,我哥哥去教堂接她而没有接到。我们找了她一年半。一天,一辆半挂货车开过来,一个大块头走出来,后面跟着我姐姐,手里抱着一个婴儿。我们这才知道妈妈以前偶然遇到他,他觉得我姐姐很漂亮,他想要她,问我妈妈怎样才能得到。妈妈说:'给我300美元,你就能把她带走。'他买下了她!现在我姐姐问:'妈妈为什么要卖了我?'她怕这个男人,他去上班时就把她锁在壁橱里,防止她逃跑。他虐待她。我父亲发现后,想杀了这个男人,我觉得他也想杀了我妈妈。"

我在离婚案例中见到过数量惊人的心不在焉型父母。由于法庭系统运作的基础是对抗关系,夫妻关系往往以剑拔弩张的姿态结束。在离婚诉讼程序中,家庭问题的专家要么为母亲出谋,要么为父亲献计。在许多处理抚养问题的程序中,讨论的焦点不是怎样做对孩子最好(像法律规定的那样),而是怎样做对父母最好。许多抚养问题的评估专家和法官,会更关心父母想要什么,而不是怎样做对孩子最好,这一点是我们所处文化的不尽如人意之处。在丹佛,甚至有专门的"父亲评估专家"和"母亲评估专家",可谁来做孩子的辩护人呢?

离婚有时会让父母中的一方策动孩子反对另一方,以便在争夺监护权的战争中获取有利地位。这是对孩子进行情绪虐待的典型例子,对孩子的伤害远非这些相互疏离的父母所能意识到。在这种情况下,父母也许能在生理上照顾好孩子,但却完全忽视了孩子的情绪需要。

::凯丽的妈妈在离婚诉讼期间，破坏了凯丽和爸爸的关系。"妈妈对我们和爸爸相处的时间非常嫉妒。她会说：'去看你爸爸吧，我好着呢。'接下来的10天，她就会陷入一种郁闷的恍惚状态，让我们感到愧疚。由于不愿伤害妈妈，我们不再去看爸爸，那时我难受极了。后来爸爸突然去世，我们甚至不能去参加他的葬礼。我们不能在妈妈面前为他的死感到悲伤，因为这太让她心烦了！"

虐待、漠视或忽略孩子的母亲的行为模式一般比较容易辨认，但当自恋母亲表现出事必躬亲和心不在焉行为的混合时，这会变得更加复杂，难以理解。现在就让我们来看看这种独特混合体的表现方式。

事必躬亲和心不在焉行为的混合

我的研究表明大部分自恋的人都倾向于表现为两种类型中的一种，但这两种类型却不是排他的。母亲有可能在事必躬亲和心不在焉之间变来变去，就像电影《母女情深》中的那位。母亲奥罗拉（莎莉·麦克琳饰）动不动就去检查一下自己的女婴还有没有在呼吸。她摇晃她，把她吵醒以便查看。婴儿哭闹时，奥罗拉表现出母性的赞赏，满意地说道："这才像个样。"然后关起门，让孩子一个人在摇篮里继续哭。

我妈妈则对两个女儿分别表现出两种极端——对我妹妹事必躬亲，对我则心不在焉。我相信这一表现和我们的长幼次序以及母亲的年龄有关。简单地说，她迫使我尽快长大，照顾她，并帮她照顾家人，同时，想让我妹妹永远做个孩子，所以对她凡事都亲力亲为。我是家里的老二。遇到问题向她求助时，妈妈会拒绝我，假设我能自己解决。她总是帮妹妹做事情，把她当小孩，甚至是在我妹妹变得不负责任的时候。妈妈传递给我的信息是，我必须自力更生；传递给妹妹的信息则是：没有妈妈她什么也不能做。

好的母亲能在宽严之间维持适当的平衡。生活在中间地带的女孩，会发现她的才华、激情不断成长，她的情感得到认可，受到尊敬。但对一个成长在中间地带以外的女孩来说，要想建立健康的恋爱关系，做出满意的职业选择，有一天自己也成为一位优秀、慈爱的母亲，必须先跨越一系列痛苦的障碍。

母性自恋的 6 张面孔

> 说我说得够多了，现在说说你吧。你认为我是个怎样的人？
> ——贝特·米德勒在电影《莫负当年情》
> 中饰演的茜茜·布鲁姆

我的研究区分了自恋母亲的 6 种类型，它们都在从事必躬亲到心不在焉这一连续体上。我把它们叫作"6 张面孔"。当你思考它们时，请记住，你母亲既有可能主要是其中一种类型，也有可能是几种的混合。另外，事必躬亲和心不在焉的母亲，可能交织在其中任何一种类型中。

浮夸外向型

许多电影都塑造过浮夸外向型的母亲。这种人是个公众艺人，但私下里，她让和她一起生活的同伴和孩子们害怕。如果你能为她跑龙套，万事大吉，否则你就得小心了。她引人注目、光芒耀眼、风趣幽默，而且"惊世骇俗"。有些人喜欢她，但你会看不起她向这个世界展示的虚伪外表。因为你知道，除非你影响到她在别人面前的形象，否则你对于她或是她的表演其实无关紧要。看到这个世界对她的反应，会让你感到困惑。你发现她给别人——朋友、同事、亲戚，甚至是陌生人——的热情和魅力，而你，她的孩子，根本都没有份。你会觉得："只要她爱我，她想成为什么样的人我都不介意。"你非常渴望她了解你，让你成为你自己。

这些母亲往往过着迷人的生活，希望女儿进入她们的社交圈，按她们的模子来发展。

::雪莉的妈妈是这一类的典型。她不遗余力地吸引别人的注意力。她的打扮像变天一样快，而且总想达到最佳的戏剧效果。55岁的雪莉苦笑着说："我印象中从未见过她头发的自然颜色。"她还记得母亲的几个阶段："20世纪60年代早期，她的扮相是'Jackie O'的外形，大帽子。摩登的东西问世后，她戴太阳镜，穿迷你裙。她总是紧跟潮流，引人瞩目。我总觉得自己并不想进入她的领地。那些性感短裤和下面的连裤袜让我不好意思。还有白色高筒靴和细高的鞋跟。她往往离俗不可耐只有一步之遥。我觉得她知道自己显得有些假。她也的确说过，她希望自己的墓志铭是，'真正的贝蒂能复活吗'。"

第 3 章
母性自恋面面观

::艾米有一位怪异、浮夸的母亲，她的魅力让她得以出入众多有趣的场合。她母亲拥有144双鞋，以及与它们分别搭配的钱包和手表。她自称是位通灵女巫，还以此身份办过自己的有线电视节目。她说谎成癖，爱搬弄是非，曾和邻居聚在一起，给他们分发通灵读物。"我家附近一个女人认定母亲就是魔鬼，她让邻里相信了这一点，结果我们被赶出这个社区。对此，妈妈的说法是，人如果接收到过多的灵性知识，就会短路。她总有办法为自己辩解，或者去指责别人。"

::丽娜的妈妈有一个完美的聚会地点，她在其中可以像一家迷人夜总会的主人一样耀眼夺目。丽娜微笑着回忆起往事，那时母亲每晚都穿着舞会礼服到她的咖啡吧里去扮演女主人角色。丽娜的妈妈以前是蓝调歌手，在好莱坞待过一段时间。她说她曾和德思·阿纳兹同台演唱，和弗兰克·西纳特拉纵情欢乐，还坐在加里·格兰特的大腿上。但对丽娜而言，她妈妈除了作秀一无是处。"她喜欢告诉别人她都认识谁，但这只是她的想象。她还会做出一些不合适的事，比如在房间里来回跳舞吸引注意力，或者做一个抓人眼球的登台动作。我一直觉得奇怪，当我要把她介绍给我的朋友时，她会说：'他们特地来见我，真让我高兴。'"

成就导向型

对成就导向型母亲而言，你在生活中获得的成就是最重要的。成功取决于你做了什么，而非你是什么样的人。她希望你做事无人能及。这类母亲会为孩子取得好成绩、在比赛中获胜、被好学校录取、获得合适的学位而感到自豪。她也喜欢向人炫耀这些事。但如果你达不到成就导向型母亲的期许，做不到她认为重要的事，她就会感到很难堪，甚至暴跳如雷。

这其中有一种让人迷惑的互动。通常，当女儿试着去实现一个既定目标时，母亲并不支持，因为这占用了女儿本应用来为她做事的时间。然而一旦女儿成功地实现了她定的目标，她又会在庆功宴或演出里面露喜色、自鸣得意。女儿得到的信息是混杂的，她懂得，除非她能表现得极其出色，否则不要期待多少支持，这导致她自尊心降低，过上一种成就导向的生活。

:: 雅斯敏从小就喜欢骑马，但妈妈不愿意支持这项既花钱又费时的兴趣。不过爸爸帮了她，努力教她赛马，妈妈于是对他大为光火。然而成功改变了家庭互动关系。当雅斯敏在儿童骑术表演赛上获得头奖时，"妈妈把胜利的微笑贴在脸上，开始纵情吹嘘。"当时的困惑和受伤感，雅斯敏至今难忘。

:: 卡罗尔在成长过程中，一直觉得受到母亲野心的控制。她上了7年的钢琴课，其间不仅要举办小型独奏会，还要为妈妈的朋友们演奏。"如果我弹错一个地方，就得伴着她轻蔑的鼻息声继续演奏了。我能感觉到她对我的失望。为了她，我觉得自己必须做得尽善尽美。当我长大一点，能够做出选择的时候，我故意在她想让我进的钢琴学校的入学考试中考了不及格。那之后，我12年没有碰过钢琴。后来我搬出去，有了自己的家时，我想要一架钢琴，而且只为我自己演奏。我至今仍然不能在母亲面前弹琴。我开始治疗时，不得不再次停止演奏，因为这会让我想起跟妈妈有关的所有陈年往事。我对钢琴还是爱恨交织。对我好的事和

第 3 章
母性自恋面面观

::艾米有一位怪异、浮夸的母亲,她的魅力让她得以出入众多有趣的场合。她母亲拥有144双鞋,以及与它们分别搭配的钱包和手表。她自称是位通灵女巫,还以此身份办过自己的有线电视节目。她说谎成癖,爱搬弄是非,曾和邻居聚在一起,给他们分发通灵读物。"我家附近一个女人认定母亲就是魔鬼,她让邻里相信了这一点,结果我们被赶出这个社区。对此,妈妈的说法是,人如果接收到过多的灵性知识,就会短路。她总有办法为自己辩解,或者去指责别人。"

::丽娜的妈妈有一个完美的聚会地点,她在其中可以像一家迷人夜总会的主人一样耀眼夺目。丽娜微笑着回忆起往事,那时母亲每晚都穿着舞会礼服到她的咖啡吧里去扮演女主人角色。丽娜的妈妈以前是蓝调歌手,在好莱坞待过一段时间。她说她曾和德思·阿纳兹同台演唱,和弗兰克·西纳特拉纵情欢乐,还坐在加里·格兰特的大腿上。但对丽娜而言,她妈妈除了作秀一无是处。"她喜欢告诉别人她都认识谁,但这只是她的想象。她还会做出一些不合适的事,比如在房间里来回跳舞吸引注意力,或者做一个抓人眼球的登台动作。我一直觉得奇怪,当我要把她介绍给我的朋友时,她会说:'他们特地来见我,真让我高兴。'"

成就导向型

对成就导向型母亲而言,你在生活中获得的成就是最重要的。成功取决于你做了什么,而非你是什么样的人。她希望你做事无人能及。这类母亲会为孩子取得好成绩、在比赛中获胜、被好学校录取、获得合适的学位而感到自豪。她也喜欢向人炫耀这些事。但如果你达不到成就导向型母亲的期许，做不到她认为重要的事，她就会感到很难堪，甚至暴跳如雷。

这其中有一种让人迷惑的互动。通常，当女儿试着去实现一个既定目标时，母亲并不支持，因为这占用了女儿本应用来为她做事的时间。然而一旦女儿成功地实现了她定的目标，她又会在庆功宴或演出里面露喜色、自鸣得意。女儿得到的信息是混杂的，她懂得，除非她能表现得极其出色，否则不要期待多少支持，这导致她自尊心降低，过上一种成就导向的生活。

::雅斯敏从小就喜欢骑马，但妈妈不愿意支持这项既花钱又费时的兴趣。不过爸爸帮了她，努力教她赛马，妈妈于是对他大为光火。然而成功改变了家庭互动关系。当雅斯敏在儿童骑术表演赛上获得头奖时，"妈妈把胜利的微笑贴在脸上，开始纵情吹嘘。"当时的困惑和受伤感，雅斯敏至今难忘。

::卡罗尔在成长过程中，一直觉得受到母亲野心的控制。她上了7年的钢琴课，其间不仅要举办小型独奏会，还要为妈妈的朋友们演奏。"如果我弹错一个地方，就得伴着她轻蔑的鼻息声继续演奏了。我能感觉到她对我的失望。为了她，我觉得自己必须做得尽善尽美。当我长大一点，能够做出选择的时候，我故意在她想让我进的钢琴学校的入学考试中考了不及格。那之后，我12年没有碰过钢琴。后来我搬出去，有了自己的家时，我想要一架钢琴，而且只为我自己演奏。我至今仍然不能在母亲面前弹琴。我开始治疗时，不得不再次停止演奏，因为这会让我想起跟妈妈有关的所有陈年往事。我对钢琴还是爱恨交织。对我好的事和

第 3 章
母性自恋面面观

对妈妈好的事某种程度上是重叠的。我曾经只是她的一座奖杯。"

:: 埃莉诺的妈妈只凭受教育程度看人。她问的第一个问题总是别人在哪儿上的大学。"哈佛和斯坦福毕业的人最棒。"紧接着她就想知道他们的学历。"硕士和博士都很出色,其他就等而下之了。她所有的朋友都是某某博士或某某博士夫人。她根本不关心他们是怎样的人,或者对她、对我们好不好。"埃莉诺靠到椅背上,轻松地叹了口气:"感谢上帝,那段时间我得过一些 A,拿过几个学位,否则的话,她甚至可能话都不跟我说!可怜的爸爸只是硕士学位——我都不知道他怎么和她过了这么多年。"

:: 米娅的妈妈非常爱干净。"简直到了疯狂的程度:每样东西都必须一尘不染,就像我们在女佣到来之前已经打扫过一样。她注意到哪怕一个东西乱放,就会暴跳如雷。有洁癖的人跟她相比也要自愧不如!她会把我衣橱里所有的东西扔出来,让我把衣服按照不同的颜色排列。为了把卫生间弄干净,我甚至得打扫 4 遍。"

:: 在电影《恋爱高飞》中,智力发展迟缓的女儿对自恋母亲说:"妈妈,你不看着我,你看不到我,真正的我。我不想打网球,不想下象棋,不想当艺术家。我只想做我自己。我做不了那些事情,但我会爱。"多好的话。

心身疾病型

这类母亲用疾病和痛苦来操纵别人,为自己扫除障碍,获取注意力。她对周围的事物漠不关心,包括她的女儿以及别人的需要。

如果你有这样一位母亲，让她注意到你的唯一办法就是照顾她。如果你没有给她回应，甚至反叛她，她就会扮演受害者角色，病得更厉害，或者爆发与疾病有关的危机，以重新控制你的注意力，并让你感到内疚。我把这叫作"疾病操纵法"。它非常有效。女儿如果不做出妈妈希望的反应，就会精神不振，觉得自己是个失败者，连对妈妈好都做不到。对心身疾病型母亲而言，最重要的事就是女儿在一旁照顾她，理解她。

心身疾病型母亲经常用病痛来逃避自己的情感，逃避生活中必须解决的问题。女儿常常能从父亲或家里其他人那儿听到这样的话："别告诉妈妈，会让她心烦的。"有些女儿发现，自己生病就能从心身疾病型母亲那儿获得注意，因为疾病提供了一条共同的纽带。妈妈会谈到疾病，和女儿交流相关经验，但女儿必须小心不要让自己病得比妈妈还重，否则妈妈会觉得缺少照顾，而她认为自己是有资格得到照顾的。

:: 偏头痛让梅的妈妈非常虚弱，她以此来逃避家庭事务，她不会用可以预防偏头痛的方式来照顾自己。比如，紧张是诱发偏头痛的常见因素，梅的妈妈从不试图消除紧张，任凭自己因琐事而烦心。"妈妈什么事也不能处理，她会立即头疼，送进急诊室打针，接下来连续昏迷好几天。然后我和爸爸不得不处理所有的问题。她在逃避！"这种状况伴随着梅的青少年时代。"记得有一次，我告诉她正在和一个比我小得多的男人约会，然后头痛突然来袭，谁都不知道她受了什么刺激。我猜她是不高兴了。"

第 3 章
母性自恋面面观

::艾琳因为母亲没法消除紧张而受到指责。"家里一出了什么问题，爸爸就会说：'看看你对妈妈做了什么。'妈妈最后会在卧室里抽泣，又是头疼又是腹泻，去卫生间待好几个小时，出来躺在沙发上，额头盖着一块布，一切都糟透了。父亲会跑去帮她，然后指责我们，说她没办法控制自己的紧张情绪。"艾琳自己需要得到认可，但她明白"如果我达不到她的期待，她就会疼痛难忍，嘴唇起泡，发奇怪的疹子，让自己因情绪压力而生病。每件事都得围着她转。"

::当杰姬的父母年纪渐渐大起来，尤其是父亲生病后，杰姬母亲的状况就更加糟糕了。"妈妈总要比爸爸病得更严重。如果我因为什么事而将注意力放在爸爸身上，她就会开始'犯病'。有一回甚至假装心脏病发作。她在我上班的时候打电话把我叫回去，结果她什么事也没有，这种情况不知有过多少次。唯一一次，她打电话来，我没有赶过去，她好几天都不跟我讲话，说我从来不关心她，还写了些措辞难听的信。"

::莫娜在治疗中谈到父亲的臀部手术时哭了。手术让父亲很受罪，他年纪大了，又虚弱。但让她落泪的真正原因是"父亲治疗的整个过程中，妈妈一直说她的臀部也受伤了，也需要做手术。她不允许别人把注意力放在父亲身上。简直让人恼火！她的臀部什么事儿也没有。父亲一恢复，我们就再也没听见她说自己的臀部了。"

::塞莱斯特告诉我："我妈妈就喜欢呻吟。站起来，坐下去，或者从房间这一头走到那一头，她都会呻吟！她的身体没什么毛病。她似乎只是用这种方式让屋里每个人都注意到她，问她哪里不舒服。然后她会说,'我当然很好,怎么了?'。"

成瘾型

在丽贝卡·韦尔斯的小说《Ya Ya 私密日记》中,希德把母亲的声音描述成"5 杯波旁威士忌发出的不和谐音",她和妈妈打电话时,尽管"相隔数千公里之遥,希德仍能听到冰块的叮当声"。之后她说:"如果谁为她的童年拍一部电影,拍出来的会是个音频文件。"

存在物质滥用问题的父母,看起来常常是自恋的,因为成瘾物比什么都重要。有时当瘾君子清醒过来时,自恋行为就消失了,但并不尽然。而当他们沉溺其中时,关注的中心就是自己和自己的上帝——成瘾物。酒鬼或其他物质滥用者的孩子清楚地知道这一点:上等的酒精或毒品比任何事情、任何人都重要。物质滥用是掩饰情感的有效方法。醉醺醺地出现在女儿唱诗班音乐会上的母亲,脑子里显然不会装着女儿的需要。

∷汉娜童年大部分时间都得自己照顾自己。"我母亲好几年都对加了安定的泰诺成瘾——完全不能自拔。到我 10 岁的时候,她已经结了 7 次婚。我们和各种各样的男人一起搬来搬去。"汉娜 14 岁时,妈妈告诉她想自杀,汉娜恳求她不要这样做,告诉她:"我需要她,没有她我不能活。"说到这儿时,汉娜停了一会儿。她的痛苦伸手可触。"然而她还是这么做了,她自杀了。我的生活总是不完整——先是有个行尸走肉般的母亲,然后是个自杀的母亲。"母亲死后,汉娜住在一个活动住屋停车场里,继续去上学。她表现一直很好,直到高中三年级,她声称自己对上

第 3 章
母性自恋面面观

学厌倦了,开始吸毒、酗酒。

::茱莉亚的妈妈几乎每天晚上都去做交际花。"小时候,我们住的社区里有许多单亲家长,他们都参加社交聚会。我妈妈喜欢在自己家里办聚会,这样她就不用请保姆了。我也成了一个'卫道士'小孩,讨厌喝酒、抽烟、下流故事、咒骂等。我曾经向妈妈和她的男朋友抱怨过。他们厌烦透了,叫我'女王'来羞辱我。当他们筹备下一次聚会时,妈妈会说:'女王,今晚我们要举行一个疯狂的派对,你可以去自己的房间待着,这样就不会被打扰了。'"

有位心理学专家对成瘾型自恋母亲进行过最贴切的描述:"喝酒,抽烟,大脑赋闲。"

不怀好意型

不怀好意型母亲不想让别人知道自己在虐待孩子。这种人通常有一个公众自我和一个私人自我,二者截然不同。在女儿看来,这类母亲在公众场合慈爱可亲、殷勤体贴,在家里却心地残忍、肆意凌虐。对这样的母亲很难不愤恨,尤其当她愚弄了众多外人时。如果你有这样一个母亲,你会知道这种不一致的表现有多可怕。在教堂里,她用手臂搂着你,笑着从提包里掏出口香糖给你。在家里,你想吃口香糖,伸手向她要时,得到的是耳光和鄙视。这类母亲可以在公共场合宣称:"我为女儿感到非常自豪。她不漂亮吗?"在家里则说:"你真应该减减肥了,头发乱得一团糟,穿得像个荡妇。"这种完全无法预料的矛盾信息会让人疯狂。

::维罗妮卡的妈妈在人前是位圣人,在家则暴虐不堪。"她当下的感觉是宇宙的中心,万事万物都必须停下来承受。如果她头疼或者抑郁,我们就会如坐针毡。她的感觉统治着一切。而我的感觉,说得委婉些,被最小化。我意识到我的感觉远不能和她的相比。她总会说:'如果你早知道……你就会明白你表现不好。'但只要一出门,她就表现得慈爱有加,道貌岸然。我们的战斗在家中进行,无人知晓。"

::罗宾母亲的行为让罗宾感到困惑。"小时候,我总是很崇拜妈妈,觉得她是站在我这边的。但当我和弟弟进入青春期时,妈妈开始说我们以前有多糟糕。她会说:'永远别生小孩。'"母亲告诉罗宾,当年她怎样试图把罗宾流掉,她故意从楼梯上滚下来,还试过药物。"她很可能差点流掉了我弟弟,"罗宾对我说,"但爸爸马上就要被派上战场了,那年头,只要你怀孕了,他们就不会让你丈夫入伍。"罗宾的母亲有过三次流产和一次早产,管罗宾和她弟弟叫她的"活产"。"但在别人面前,她常说自己有多喜欢孩子,费了多大劲儿才把我们生下来,而我们简直是奇迹。这不奇怪吗?"

::海莉结婚后,享受了离开自己那个不怀好意的母亲的自由。"妈妈不喜欢我丈夫,所以不想见到我们,而这正中我的下怀。直到有一次我决定去看她。她那时正在照顾社区里一位年长的女人,而她竟当着这位可怜老太太的面说她的坏话。我和她们一起出去吃中饭。这老太太听力不好,但当着她的面谈论她还是让我不舒服。'你觉得她的行动会比现在还慢吗?'这太不厚道了,让我想到我是怎样度过前半生的。我妈妈既有善良的一面也有阴暗的一面。等这位老太太去世后,她会再次转

第 3 章
母性自恋面面观

向我们。现在遭罪的是这个可怜的老太太。"

情感饥渴型

所有自恋母亲都有某种程度的情感饥渴,但这种特质在其中一些人身上会特别突出。这类母亲会把她们的情感表露无遗,希望女儿来照顾她们。安慰母亲、倾听成年人的困惑、和母亲一起解决问题——这对孩子来说是无法完成的任务。自然,这些孩子的感受没有得到重视,而你也不可能得到那些别人希望你提供的东西。

::伊维特的妈妈懂得怎样增加赌注。当伊维特对妈妈说,一周每天都工作太累时,妈妈说:"亲爱的,你根本不知道什么是累。"然后她开始长篇大论,说她这一天过得如何筋疲力尽。伊维特无法和她相比,只好闭口倾听。伊维特已经学会不要讨论她自己的感觉,因为很伤感情。"我只是问问她过得怎么样,然后就让她自己去说。这样她好像不会说得太多。"

最近的电影《母亲》刻画了一位典型的情感饥渴型母亲。在哈尼夫·库雷西写的剧本中,女儿波拉感情空虚,不知道该做什么,对职业没有规划,而且觉得从来没得到过母亲的爱和重视。由于习惯于取悦母亲,女儿向来易被情感饥渴型男人吸引。丈夫死后,沉溺于自我的母亲梅开始表现出其情感饥渴的一面,公然与女儿的热恋对象——一位木匠发生了不寻常的关系。这位母亲对女儿的感受毫无怜悯和关心,并借口说自己太悲痛,这样做能让她感觉好些。影评人迈克尔·威明顿说得好:"让这几个人物犯下罪孽的,不是性,而是沉溺于自我。"

现在你对各种自恋母亲都有了近距离的了解，在此有必要强调几点。首先，我们的妈妈并非生来如此。她们还是孩子时，很可能在爱和同情心方面遇到过难以克服的困难。在本书的第三部分，我们将尝试对母亲的背景进行分析，这样你会对这些行为的原因有更深入的领会。这不能帮你消除痛苦，但能使你在一定程度上理解母亲、原谅母亲，而这会对康复会有所帮助。

自恋并非凭空而来。在下一章中，我们将进行一些家庭研究，看看自恋温床的其余部分。

第 4 章
爸爸在哪里：自恋温床的其余部分

> 自恋家庭就像谚语中说的外表有光泽、里面却蛀了虫的红苹果，看起来很不错，直到你咬开来发现那只虫。苹果的其余部分也许还能吃，但你已经没有胃口了。
>
> ——《自恋家庭》

自恋母亲的家庭有自己的一套潜规则。尽管生活在其中的孩子们自幼便学会了遵守这些规则，但这些规则一直让他们困惑、痛苦，因为这些规则阻碍父母体验到孩子的情感。这些规则是不可见的——听不到，看不到，也并非有意养成。但可悲的是，反过来，这些规则却使得父母能够毫无障碍地利用、虐待孩子，而他们并不觉得这有什么不妥。这听上去是不是很可怕？

爸爸在哪里

"爸爸，你那时为什么不保护我？我需要你的时候你在哪儿？为什么你总是支持妈妈？我怎么办？"

当我和玛西在治疗中做"空椅"练习时，这些呼喊从她那里脱口而出。她想象父亲坐在那把空椅子里，向他倾诉家庭问题，以及这些问题怎样伤害到她，让她如此孤单，无人疼爱。她提出的问题也是自恋母亲的女儿经常会质问父亲的：当时你在干什么？

就我的研究和治疗来看，答案很清楚：父亲当时正围着母亲转，像一颗行星围着太阳转一样。自恋的人的结婚对象往往是一个允许她处在一切行动中心的人。如果要维持他们的婚姻就必须如此。在家庭戏剧中，自恋的人是明星，其伴侣则是配角。

让一个男人陷入这种角色的原因很多，但和我们讨论的内容关系最密切的一点是，他能接受伴侣的自恋行为，而且大部分时候会为她提供便利。也许他并不想这样做，但还是做了，因为他逐渐懂得，这才是和她相处的有效方式。由于父亲把注意力集中在母亲身

第4章
爸爸在哪里：自恋温床的其余部分

上，他和母亲的默契让他看起来也比较自恋，而他无力照顾到女儿的需要。

:: "我爸爸总是迫不及待地听妈妈吩咐，"在谈到童年时期父亲的角色时，40岁的艾丽卡说，"妈妈才是老板，爸爸的生活以她为中心。他事实上极度宠爱她。如果我们在看电视，出来一条冰激凌广告，妈妈会说：'哇，看起来真不错！'爸爸就会走向车库，去商店里把它买回来。他像狗一样听她指挥。在他们的关系中，她用这一点来进行操纵。她会精心挑选时机，尤其是他并不特意想去哪儿，或者正在看球的时候。如果我问她，她会说：'难道你爸爸看起来不开心吗？'"

:: 当丹妮尔和妈妈争吵的时候（这种事经常发生），爸爸就会指责她。"比如说，如果我们为了打扫我的房间而争执，她会变得非常情绪化，哭起来，然后爸爸就会介入，说：'看看你都做了什么。看你让你妈妈多难过！'最后总会变成一件她怎么了的事，而不是我怎么了。"

:: 41岁的克莱尔说，她母亲控制了所有的家庭事务，包括她父亲。母亲不和她说话的时候，父亲也不和她说话。"妈妈是个酒鬼，我们放学回家时她常常已经醉倒在沙发上。在弄清屋里的气氛前，我什么也不会说。大哥最后鼓起勇气告诉爸爸，妈妈一向是醉醺醺的。他在同义词典里查了'喝醉'一词，为了不把话说得那么难听，他说的是'喝多了'，但父亲还是给了他一耳光，说：'不许这样说你妈妈。'他总是护着妈妈。"

:: 卡门父亲的角色是妻子的保护者，对他而言这比什么都重要。"某种程度上，他自己的需求也不重要。我以前还为此担心，但现在，我明白正是这一点让他们能在一起。他们都需要对方来扮演功能失调的角色，以在这个世界上保存自己的情感。如果有种方式对他们很合适，我一点儿也不介意，但这影响到我了。我怎么办？我就无关紧要了吗？"卡门康复过程中，曾想和妈妈谈谈她的养育方式。她刚引出话题，爸爸就插进来保护妈妈。卡门觉得同时遭到了两个人的漠视。接下来妈妈在伤口上撒盐，说："他很不错吧？他是这个世界上最好的丈夫。"卡门说："这是我的事，而不是他们的事——这种想法永远不会出现在他们脑海里。他们挂在嘴边的，是他们的婚姻多么美好，他们在一起多么幸福。我有时想提醒他们，爸爸有好几次悄悄告诉我，他想和另一个女人私奔。他们活在否认和伪装中，自欺欺人。"

一张自恋温床上的父母达成的默契，对任何人而言都牢不可破，尤其是对被母亲视作竞争对手的女儿。卡门显然已经在复原中懂得了更多，但这种记忆的痛苦仍然让她忍不住落泪。悲剧的是，不论好坏，父母的否认是维持这个家庭的手段，许多家庭也的确选择逃避他们的问题，即便给孩子造成了伤害。有一天，卡门将能够向别人讲述这个故事，而不像那天那样感到痛苦。虽然她不太可能改变父母的关系，但可以减少这对她和她的人生的影响。

父母做的最重要的事情之一，就是模拟一种健康的爱情关系。伴随不健康的模仿长大的小孩，更有可能在成年后的恋爱关系中遇到困难。孩子通过眼睛学到的，比通过听父母说教学到的多得多。在第二部分中，我们会去看看自恋母亲的女儿的恋爱关系，探讨父母间不健康的关系带来的诸多影响。

第4章
爸爸在哪里：自恋温床的其余部分

自恋母亲的女儿的情绪健康实际上是被牺牲了，以使父亲能和母亲和平相处。女儿康复的第一步，就是说出这种情况带来的毁灭性的无力感和绝望感。

:: 19岁的克莉丝汀悲伤地说："我想知道我为什么来到这个世界上，为什么她不想要我，上帝还要把我带给她？我记得曾经以为活不下去，但我还是活下来了。我自我感觉不好，自尊心不强，而且无法信任自己。我爸爸很爱我，想要保护我，但面对妈妈的凌虐，他也没办法。他得照她想要的去做，以维持这桩婚姻。"

:: 26岁的琳达描述了她的生父和继父在和母亲相处方式上的有趣差别。"我继父的生活围着她转，这让他俩都很开心。他倾听她的愤怒和哀怨，而我的亲生父亲是个酒鬼，喝醉了就麻木不仁，把一切都抛到九霄云外。"

多数女儿都说，如果她们和父亲的关系很好，就会遭到母亲强烈的妒忌。坎迪斯讲述了一个相当令人悲痛的故事，那时她爸爸得了帕金森病，就快死了。"爸爸躺在医院的床上，我躺在他身边。这已经是他生命中最后几个小时了。我离他那么近，妈妈简直要发疯了，她让我挪开，然后占了我的位置，躺在爸爸身边。我非常难过，因为感觉上好像他是唯一真正爱我的人。多年后，我们谈论家事时，妈妈告诉我她要对爸爸的遗产做出调整。她说分给我的比其他兄弟姐妹少，因为爸爸活着的时候，我从他那儿得到的已经够多了。"

:: 波拉的爸爸去哪儿都想带着她。"我是爸爸的小宝贝。妈妈总是恼怒地说：'把她放下，让她自己走。'我才3岁，妈妈就因为我吸引了爸爸的注意力而生气。她想要爸爸的全部注意力。"

::温蒂和她爸爸如此亲密，简直是踩着他的脚印长大。她也让自己离母亲远远的。她描述了这样一个故事："妈妈非常妒忌我和爸爸的关系。他是医学博士，而我也在医学院上学。我和他相处得更好，他也能理解我。"温蒂和母亲，以及母亲的生活选择之间的相同之处很少。"她是个家庭主妇，对教育的事一窍不通。我以前很喜欢和爸爸一起去打猎、钓鱼，和他待在一块儿，说说话。她不喜欢这样。她总说：'去问你爸爸吧，他是家里最有头脑的人。他是给你买宝马车的人！'"

许多女儿发现，和父亲单独相处时，他们能进行一种和平时不同的、更深层次的沟通，并发现父亲身上爱的能力。即便这种机会很少，也能给孩子的成长带来改变。

兄 弟 呢

男孩和妈妈之间似乎是另一种关系。几乎每一个有自恋母亲的女儿都告诉我说，在家里，男孩比女孩更讨人喜欢。女儿们总是抱怨说，这很让人伤心。通常看来，母亲并没有注意到这种不平衡，即便不得不面对，也会矢口否认，但这种情况是有原因的。在和父亲的关系上，女儿或女人会给她带来威胁，儿子则不会，因为女儿比儿子在更大程度上是母亲的附属。

有一种情况例外，那就是儿子结婚后，将一位儿媳带入了这个

第4章
爸爸在哪里：自恋温床的其余部分

等式。儿媳马上就能感受到母亲嫉妒心的正面冲击。在妈妈眼中，儿媳是竞争对手，她们争夺的是儿子的注意力。从前，妈妈也许是儿子生活的中心，但这位新娘夺走了这一地位。妈妈应该退居二线，但事实上她不可能这样做。我常为那些自恋婆婆们的儿媳心痛，她们不知道自己陷入了怎样的状况。

:: 吉莉安的兄弟们在家里受到特殊对待，有时这种对待非常不合适。妈妈"勾引他们。她衣着暴露，在屋里走来走去，在他们还未成年时就跟他们谈论怎样做一个好情人。"

:: 莉萨的五个兄弟在母亲眼里永远不会犯错。"她非常喜欢他们。他们在农场上班，会给她买礼物，不管买什么她都很喜欢。他们迎合妈妈，而她相当喜欢。直到今天，他们还会因为妈妈的行为方式而指责爸爸。他们总是护着她，而她也袒护他们。她其实给他们洗脑了！有几个在农场干活的儿子是中了大奖——女儿则无关紧要。她甚至不让我的几个兄弟去服役。她会说农场离不开他们——只要能把他们留下，她什么都会说。而另一方面，她迫不及待地希望我长大，嫁人，离开她。"

:: 米拉贝尔的妈妈在来看了她几天后，给她写了一封信："我非常喜欢你哥哥杰拉尔德，因为他知道信仰上帝的感觉。也许你也感兴趣。还有你哥哥克雷格，他人很好，工作努力，对家庭负责。他的几个孩子是家里的快乐之源。我在儿子家里总是受到欢迎。我们不必谨小慎微，不用担心说错话。总是那么开心！但是亲爱的，去你那完美的家总让我紧张。我不得不说，你太像你奶奶了。她总自以为是。你好像正在步她的后尘!"米拉贝尔把这封信拿给我看,她想知道这是什么意思。"为什么我哥哥这么招人喜欢?我做错什么了?她说的'你那完美的家'是什么意思?她在嫉妒我吗?我和她都讨厌我奶奶,为什么她还说我像奶奶?她太可恶了!天哪,真让人伤心!她也不喜欢我姐姐。她最近写了封信给我姐姐,开头就说,亲爱的曼蒂……我叫你'亲爱的'只是因为你在我子宫里待过。"

:: 阿米莉亚的哥哥是母亲眼里的皇帝。"他比我大两岁,从小就被放在王位上。妈妈和他相处得很好,想获得他的注意。她把大量的精力花在他身上。等他长大就更离谱了,他变得很有钱。如果我们女儿邀请她去做什么,而哥哥也邀请了她,她就会把我们抛到脑后。"

:: 对很多人而言,兄弟和姐妹所处的位置向来不平衡。维多利亚说:"我弟弟18岁了。基本上是我抚养他长大,而我也的确喜欢他。当他遇到麻烦,或需要情感支持时,就会打电话给我。但我不得不说,他从妈妈那儿得到过优待。我弟弟得了C她也毫不在乎,而如果我得了A减,这就是件大事了。我获得过法律学校的奖学金,我必须得到它。我总得按时熄灯,但弟弟却不需要。他可以喝得烂醉回家来,而妈妈完全无所谓——还会给他做早饭。这星期,弟弟在一家酒吧门口被逮捕了,而妈妈觉得这很有意思。他可以喝酒胡闹,妈妈会说,'小伙子就该有小伙子的样子'。弟弟和一家餐厅的女服务员交往,这也没问题,而她却讨厌我上医学院的男朋友。妈妈总是护着弟弟,同时责怪我。"

:: 童年时代的每个圣诞节,莉兹的弟弟得到的礼物数量都是莉兹的

第 4 章
爸爸在哪里：自恋温床的其余部分

两倍。不仅如此，数礼物时，莉兹的妈妈还要在姐弟之间发起一场竞赛。猜猜谁输了？

奇怪的是，我接触的大部分女儿都没有对兄弟感到强烈不满。当兄弟受到母亲的关注时，很多人甚至感到高兴，即便她们自己没有受到母亲的关注。当然，其中有一些感到不满，这也在情理之中。如果兄弟能打破已有的成见，看到母女之间存在的真正问题，这会对女儿有所帮助。这样，女儿就能从她的兄弟那儿获得一些认可。

::塔拉从来没有从父亲或弟弟那儿得到公平待遇。他们俩总是指责塔拉和母亲相处不好。她45岁时，弟弟终于对她说："是不是自打你生下来，你和妈妈，你们之间的关系就出了什么问题？"她等了很久，但终于获得了确认。"他现在能看出我们之间存在一些问题，这对我意义非凡，让我觉得自己还没有精神失常。"

极端的姐妹

我发现，如果一位自恋母亲同时抚养两个女儿，她们更有可能承担截然不同的角色。两个女孩都内化了这样一条信息：她们的价值取决于做了什么，而非她们是怎样的人。但她们的行为表现往往会截然相反，其中一个把这条信息内化后会说："好吧，我会让你们看看我能做什么，我到底有没有价值。"然后成为一名优秀生，一个完美主义者。另一位则将这条信息转变为自卑感，低头认输，觉得自己无论如何也没法达到要求；她成了一名后进生，或者产生一种持续终身的自我破坏力。在第二部分论及女儿成年后的行为模式时，我们将更深入地探讨这一现象。关于这一现象，我们要记住的最重要的一点是，尽管我所描述的外部表现看似两个极端，其内部状况却惊人地相似。换句话说，两个女儿的生活方式也许完全不同，高成就型女儿外表看来非常成功，但这对姐妹内心深处都接收并内化了同样的负面信息，都经历着情感挣扎。如果家里只有一个女儿，她很可能朝一个极端发展，不是高成就型就是自我破坏型。

是什么让一个女儿选择了成为高成就型而非自我破坏型的道路？我在这个问题上思考了很久。根据我的临床研究，高成就型女儿的生活中，总有一个特别的人，给她无条件的爱和支持。这个人常常是父亲、姨妈、祖母或老师。自我破坏型女儿在成长过程中，要么没有人抚育她，要么找不到能扮演这一角色的成年人。

我和妹妹选择了截然不同的道路，可能是因为妹妹还小时，我们就离开了外婆。在我早年间，外婆是一位慈爱的长者，给我鼓励和抚育。我妹妹则错过了和外婆的这一特殊情感，在她生活的某些方面，经历了我不曾有过的挣扎，但我们无疑都曾同内化的负面信息斗争过。

自恋母亲的女儿在生活的方方面面都像是在走极端，对反常的事物或行为过于容忍，包括母亲经常表现出来的那些行为。有一次，我甚至觉得这本书的名字应该叫作《走极端的女人》。简单回顾一下前面的内容，会让我们看到自恋母亲的女儿生活中的极端方面：

- 自恋会让一个人在自我感觉良好和极度消沉之间摇摆，几乎

第 4 章
爸爸在哪里：自恋温床的其余部分

像躁狂抑郁症一样。
- 作为一种连续性，自恋跨越了从少量的自恋特质到严重的自恋人格障碍之间的范围。
- 母性自恋不是事必躬亲就是心不在焉。
- 自恋母亲的女儿在行为模式上趋于极端化，不是高成就型就是自我破坏型。
- 女儿和男性的关系很可能不是相互依赖就是一方依赖另一方。

金玉其外，败絮其中

在自恋者的家庭中，成员间没有情感联系。家庭关系外表看来很稳定，但真正的交流和沟通很少发生，因为这种家庭中的父母都把注意力放在自己身上。他们希望孩子对自己的需要做出反应，而不是像健康的家庭那样，父母对孩子的需要做出反应。在这一功能失调的系统中，成年人并不处理情感问题，因而也就无法满足孩子的情感需要。

在一个健康的家庭里，父母间存在情感上的联系，乐于和对方相处，共同掌控家庭事务，且处在家中等级的最顶端。他们的任务是照顾孩子，孩子则向他们寻求支持和保护。孩子沐浴在父母的爱中，父母尽力满足孩子的身体、情感、智力和精神需求。健康的家庭关系如图 4-1 所示（经一个结构家庭治疗模型修改而来）：

在不健康的家庭中，这一等级被扭曲，最终是孩子来照顾父母。在有自恋母亲的家庭里，每个人都要照顾母亲，其他家庭成员的需

要得不到满足。在这样的家庭中,妈妈处在系统的中心,其余的家庭成员围着她转,像行星围绕太阳旋转一样,如图4-2所示:

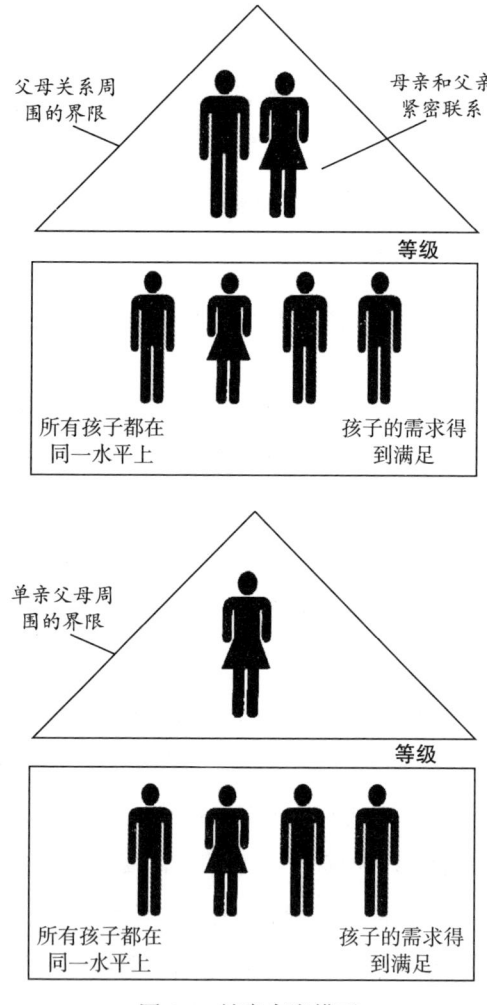

图4-1 健康家庭模型

第4章
爸爸在哪里：自恋温床的其余部分

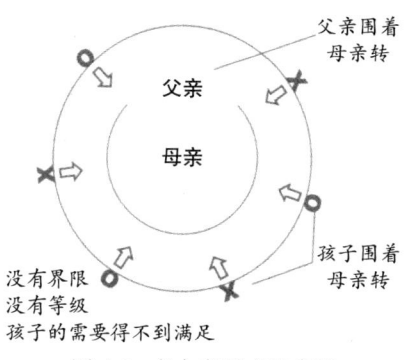

图4-2 有自恋母亲的家庭

这幅图显示了妈妈的自我沉溺，以及爸爸照顾她的默契。这类家庭的潜规则是不要讨论这种关系，这于是成了一个家庭秘密。为了维护稳定，孩子们必须保持缄默，不能破坏现状。他们害怕被遗弃，所以掩饰自己的真实情感，假装一切都很好——这是一种生存机制。这样做的过程中，他们丧失了表达自己感受的能力，甚至不再知道自己的感受，进而将在今后的生活中遇到许多人际障碍。

当孩子不能指望父母来满足他们的需要时，他们就无法培养出安全感、信任感和自信心。信任是重要的发展任务。如果早年无法学会信任，将来会在亲密关系中难以信任自己，无法获得安全感。在自恋家庭中长大的女儿，都说她们在做决定时缺乏信心，对恋爱关系也没有把握。在本书的康复部分，我们会讨论能不能为这一发展空缺做点什么。然而，解决信任难题将是毕生持续的康复任务，了解这一点非常重要。

通常，自恋母亲能完成一些早期的养育工作，因为她可以控制婴幼儿，按照自己的想法来塑造孩子。但当孩子逐渐长大，发展出自己的心智时，母亲对她不再有相应的控制力。这让母亲开始贬损和批评孩子，以期重新控制她，而这令女儿非常抓狂。即便她在婴儿时期学会了一点点信任，长大过程中也会逐渐遗忘。当她向母亲提出自然、合理的要求时，母亲无法满足她，会感到愤恨，觉得受到了威胁，之后就把她的无能投射到女儿身上。她开始将注意力转向女儿的缺点，而不去注意她自己作为母亲的无能。

也许你还记得在第1章中，自恋母亲的特质之一是觉得自己享有特权。这意味着，自恋的人认为别人应该用最好的、最尊贵的方式来对待她，比如排队时站第一个，得到特别照顾等。这也意味着她的女儿永远不会觉得自己享有特权，因为特权只能给一个人。成人的特权感是不健康的、功能失调的，但幼小、无助、不能自立的孩子应该得到优先照顾。每个孩子的生命中，都应该有一个人不顾一切地爱护她！我们在成长中逐渐脱离这种特权和依赖，并学会在情感上照顾自己，依靠自己，而这是稳定心理健康的一个标志。

为了在生活中照顾好自己，女孩需要相互之间以及和他人之间建立起牢固界限，还得表达自己在人际关系中的需要。自恋母亲的女儿做不到这一点，尤其当这些需要和妈妈想要的东西相冲突时。这导致女儿压抑自己的情感和需要，否定自我，学会伪装。没有健康的人际界限，所有的关系都会以某种方式被扭曲。

建立健康的界限需要直言不讳和清晰的沟通。自恋家庭通常有一种扭曲、无效的沟通方式，被称作"三角模式"。在这样的家庭里，妈妈不和女儿直接沟通，而是把她的想法和感受（通常是负面的、批评性的）告诉另一位家庭成员，指望他去告诉女儿。然后妈妈就能否

第 4 章
爸爸在哪里：自恋温床的其余部分

认她说过这些话，尽管信息已经以某种方式得到传递。沟通中的这种三角模式是一种消极攻击，它表达的态度是："我会报复你的，但不会和你正面交手。"不幸的是，许多家庭都是用这种功能失调的方式来沟通的，但自恋家庭尤为明显。

在康复过程中，你将学会直言不讳，抛除伪装、假象，和不真实的自我表征。

自恋家庭就像有虫的红苹果一样，隐藏着深刻的痛苦。为了了解这种关系互动怎样让女儿无意识中培养起不健康的生活方式，我们需要进一步探讨自恋家庭对自身形象的关注。"一切为了妈妈"和"一切为了形象"是他们的座右铭。

:第 5 章:
形象就是一切：小脸笑一笑

> 形象！形象是母亲眼里唯一重要的事。她非常喜欢打扮，直到 54 岁的时候死于吸脂术的并发症。
>
> ——乔安妮，45 岁

第 5 章
形象就是一切：小脸笑一笑

"小脸笑一笑，挺胸抬头，不要让别人知道你不开心。"小时候，我经常听到这样的告诫。记不清有多少次，当我皱起眉头，或者要放声大哭的时候，母亲就这样对我说。一面觉得悲伤、生气、疑惑、痛苦，一面还要笑，让人很难受。有时，皱眉、伤心、发火反而让我感觉很好——换句话说，做真实的自己感觉很好。

形象比感受更重要

自恋母亲的女儿会从空洞的语言或母亲的例子中得到这样的观念："外在比内在和感受都重要。"这种"形象观念"对人格健康毫无帮助；它来自自恋母亲内在的不安全感和脆弱的自我。自恋的人总喜欢作秀，让别人觉得自己很有个性，甚至让自己也相信这一点。但在心里，他们有一个迷失的、发育不良的自我知觉，它渺小、残缺、不健全。

我们文化里的物质主义、技术进步和财富观念，强化了每个人心中形象和外表的重要性。但女人更容易受影响，对那些苗条、健康、完美的文化偶像的持续轰炸更缺乏免疫力。自恋母亲的女儿不仅承受来自文化的压力，还要承受母亲的压力——母亲不断强调要保持完美的形象。对我们而言，这是个双重诅咒！在这对勾结的力量面前，一个女孩或女人要保持本性，是种巨大的挑战。接下来我们将讨论从妈妈那儿获得的形象观念，然后看看我们的自恋文化怎样用过度的强化给这块蛋糕抹上一层蜜糖。

展现"正确"的形象：母亲的倒影

电影《来自边缘的明信片》是根据卡莉·费希尔的半自传小说改编的。片中的母亲生病住院时，只担心自己的发型和化妆。她对女儿说，自己不想还没画眉毛就被埋掉。她女儿这样向医生解释自己的家庭状况："我们是为公众而活，不是为自己。"我所接触过的很多自恋母亲家庭也赞同这一点。

形象是妈妈想要让这个世界看到的自己，她希望女儿也为她的形象增光添彩，帮她把形象展示给外部的世界。但多数女儿无法完成这一期待。她们不仅不能支撑母亲的形象，而且连建立自己的形象也成问题。

:: 28岁的唐亚吐露说："妈妈非常想让我成为'产品女郎'。她想让我成为学校里最受欢迎的女孩，和橄榄球队队员约会，成为女子乐队队长或舞会女王之类。但我不是那类女孩，这让她非常失望。我有焦虑症，也缺乏自尊心。"

内化在女儿心中的形象观念可以持续到自立的成年期。贝拉说："我懂得形象比感受更重要。我在自己的外表和我家里学会了这一点。我宁肯自己没有学会这个，但不管谁到家里来，我都想打扮得漂漂亮亮。我们家在妈妈的打理下总显得干净清爽。没化妆时我从不走动，除非单独和丈夫在一起。我喜欢自己照顾自己，出门时，也爱在其他女人面前争强好胜。社会给我的压力，让我必须变得苗条、可爱、漂亮。"

第 5 章
形象就是一切：小脸笑一笑

:: "保持形象是个非常强烈的观念，"43岁的杰西卡说，"直到今天，我都尽量让家里的一切看起来漂漂亮亮，没有瑕疵。家里谁也不觉得我和我丈夫之间有任何问题。这种观念也让我很在乎自己的外表，现在我想去丰胸，我会嫉妒其他女人。"

:: "我妈妈死时，已经昏迷了有一段时间，"55岁的玛格塔回忆道，"护士把她的头发拉到后面编成辫子，非常难看。她死后，我去太平间看她的尸体时，她还编着那可笑的辫子。我爸爸已经给她穿了合适的衣服，但那辫子！我脑子里想的唯一一件事，就是她肯定不想带着那样的辫子入土！"

:: 完成妈妈的期待有时需要放弃自己的选择。查莉告诉我："我妈妈在我们姐妹的打扮上特别费心。我们的蝴蝶结、着装配色、鞋子和全套衣服总是经过完美的搭配。印象中，要到14岁我才开始选择自己穿的衣服。"

妈妈有时会完全忽视女儿的愿望，这会让女儿觉得自己只是一件东西，而不是一个人。我自己的妈妈以前给我编辫子时编得非常紧，会让我疼得叫起来。这时她会说："要变漂亮当然得忍着痛！"我到现在都不明白这到底是什么意思。是不是说如果我不打扮成某种样子，就不会成功，不会被人接受，得不到爱？还是说为了获得别人的接受，疼痛是免不了的？多么可怕的世界观！无限制地追求美会耗尽人的精力。

:: 34岁的特丽莎说："'形象'从来都是个问题。妈妈以前经常把我的前刘海拉到一边，说，'看看她的脸'。我13岁时曾被赶出家门，因为刘海太长了。有一天,妈妈走到我跟前,把我的刘海给剪了。"

∷索尼娅的妈妈以前反复重申:"我们必须、必须、必须让自己的胸部更丰满。"妈妈告诉她:"上帝啊,孩子,要多做做这些运动。你难道不知道如果你的乳房不发育,男人看都不会看你一眼?"

执迷于形象会让自恋母亲(或者外婆)忽视基本的养育职责。阿曼达说,有一次她女儿陷入了一场严重的法律纠纷,需要出庭。地方记者对这个案子很有兴趣,报道铺天盖地。阿曼达需要她母亲的支持,但她母亲过于关心自己抛头露面的样子:"她说她不能跟我和她的外孙女一起出庭,因为让媒体看到她垮掉的样子,她会受不了。妈妈又说,我的孩子总是遇到麻烦,她可没把她的孩子养成这样。好像这是她的事情一样!她受不了的事情太多了!"阿曼达最后鼓起勇气对妈妈说:"你知道吗,妈妈,我的孩子比你的孩子好多了!"

∷凯西谈到了点子上:刚成年的时候,她什么也不跟妈妈说,因为妈妈会把这些事当作证据,要么证明凯西很棒,要么证明凯西很蠢——取决于这对妈妈形象带来的影响。"她总想让我嫁一个博士。她把我的成就当作标识卡片。她会安排我跟一些猥琐的博士约会,然后端详我看上去是不是还好。我拿得出手吗?我有没有让她丢脸?"

∷58岁的莱思莉还记得小时候为父母的经济状况操心。"他们可能在我面前谈起过。我决定帮他们,于是便打电话给外婆,问她能不能寄点钱给我可怜的爸妈,帮他们渡过难关。合情合理,不是吗?不过,我亲爱的外婆也有一点自恋。她狠狠地训了我一顿:'不要再打电话跟我说

第 5 章
形象就是一切：小脸笑一笑

私事儿，尤其是钱和你爸妈的事儿！我们村里有同线电话，邻居会听到的！'我想想，我当时大概是 7 岁。我该说什么好？好吧，外婆，我不会再让你尴尬了。忘了一个小女孩替父母担心时的感觉吧。我想过，我怎么办？我以前也思考过这个问题。这件事很可能跟我无关，我当时的感觉就像个又做了错事的坏小孩一样。"

::如果女儿不实现妈妈给她设定的目标，有时会让女儿觉得她真实的成就算不了什么。30 岁的朱莉还记得"每当我准备好和父母一起去参加中学里的家长开放日活动时，妈妈都会指导我穿什么，梳什么样的发型。我的方案被选为班里最好的，她却不置一词。她从来不花时间看看教室里我的资料。我从没觉得妈妈像我一样认为我的东西有价值。"

::对形象的强烈关注剥夺了真实情感的空间。女儿经常被迫变得伪善，以和妈妈的形象相称。22 岁的玛亚告诉我："爸爸和妈妈断绝关系后，妈妈总是吩咐我，和爸爸在一起时要看起来开开心心的。她告诉过我，'不要让他以为没有他我们就会很难过'。我很难过，但我不想违抗她，所以我感觉好像真的贴了一张假面具在脸上。当爸爸问我过得怎么样时，我会说'很好，一切顺利！'这样的谎言让我感到愧疚，好像我背叛了爸爸。"

由于我们在成年以前不断内化这类观念，我们自己也变得重视形象。我们觉得好像从来没有对事情做过确切的衡量，而我们生活其中的自恋文化又极大地强化了这类童年信息。

展现"正确"的形象：文化的倒影

当今的美国文化总体上维持一种建立在"什么"而非"谁"之上的形象。表演、超越、变得更漂亮的信息轰炸日常生活的方方面面，自恋主义的影响似乎在扩大。正如亚历山大·洛文在他的著作《自恋：对真实生活的否定》(Narcissism: Denial of the True Self)中所言：

:: 当财富占据比智慧更高的地位，当声名显赫比品格高贵更受崇拜，当成功比自尊更重要时，这就是一个过于看重形象的文化，足以称之为"自恋"。

当今年轻人的拼搏就清楚地说明了这一点。《今日美国》上一篇关于Y世代（18～25岁）的文章上说，他们最大的人生目标就是名利双收：

:: 翻开任何一本名人杂志，里面全是金钱、财富和名气……在《学徒》(The Apprentice)节目里，一开场，伴随着《美国周刊》杂志的"金钱之歌"(money song)，你可以在其中看到所有的社会名流，以及他们价值数百万美元的豪宅。我们在真人秀里看到的是杰西卡和尼克，布兰妮和帕里斯。除了朋友以外，和我们有关的就是这些人。

也有一些报道或纪录片是有关媒体对自恋影响的，尤其是真人实境秀，比如《90210医生》《大动整形手术》《这真好》《MTV Cribs》《改头换面》等。尤其让人悲哀的例子是我最近在TLC电视台看到

第5章
形象就是一切：小脸笑一笑

的《身体工作》节目。

有个女孩，大约16岁，想去做隆鼻手术。她妈妈以前在同一位医生那里做过前期手术和肉杆菌除皱术。医生对这个女孩说她已经很漂亮了，女孩回答说，她也许很漂亮，但和学校里的其他女孩可没法比。她继续说道，她进的是一所私立学校，在这所学校里，只有完美无缺才被人认可。

我们想让自己的孩子也这样想吗？我们希望自己的孩子成为这类"明星心态"的表达吗？根据一家叫作"超女困境"的少女公司做的全国性研究，10岁的女孩就已经感觉到"变得健康、漂亮、骨感、机灵的压力"。报刊亭里几乎所有的女性杂志，都充斥着这样一些文章：怎样改善形象，怎样吸引并留住一个中意的男人，怎样建立成功的事业，甚至是怎样养育成功的小孩。但漂亮还是基本原则。根据"超女困境"的说法："这些结果指出……女孩的外表仍然被认为是她最重要的优点。"

正如奥德里·布拉西奇在《一切都是假的》这本书里写到的：

::在十几岁的女孩中，有59%的人对自己的体型不满意，66%想要减肥，超过一半的人说，杂志里的模特影响了她们心中完美女性身体的形象。一些女孩对变胖的恐惧，超过对核战争、癌症，或失去父母的恐惧。

不可否认，在娱乐节目、时装秀、电视、杂志和一般媒体上看到的形象，影响了女性的自我觉知。自恋母亲的女儿，不仅要面对影像背后猖獗的媒体观念，还要面对"形象就是一切"这一来自母亲的不理性建议。

在最近一项由多芬公司进行的调查中，女性调查对象说，她们觉得有一种压力，要尽量达到我们文化中广告人所描述的"完美"美女形象：

- 63%的调查对象非常赞同这样的观点：当今女性被期望变得比她们母亲一代更加迷人。
- 60%的调查对象非常赞同这样的观点：社会希望女人增强她们的身体吸引力。
- 45%的女人觉得，漂亮的女人在生活中能得到更好的机会。超过一半的调查对象非常赞同这样的观点：男人更重视有身体吸引力的女人。
- 2/3以上（68%）的女人非常赞同这样的观点：媒体和广告确立了一种不现实的审美标准，绝大多数女人都永远不可能达到。
- 超过一半（57%）的女人非常赞同这样的观点：在当今世界，女性美的属性已经被定义得相当狭隘。

根据多芬的研究，只有2%的女性认为自己是漂亮的，也只有13%的女性对自己的体重和身材感到满意。我对一些多芬女孩印象特别深刻，她们愿意穿着内衣拍照，甚至裸体出镜，她们似乎正从完美主义的文化枷锁中挣脱出来。然而成千上万其他女人愿意花五六千美元除掉胳膊上的松弛赘肉。危害小些的整形方法是使用惠普生产的一款叫作 Photosmart R-927 的相机，它特有的减肥功能是可以把你的照片"PS"得看起来瘦了10斤。

在一些中层或中上层阶级的家庭里，从前送一辆汽车作为女孩

第 5 章
形象就是一切：小脸笑一笑

的 16 岁生日礼物是习以为常的。现在，在许多圈子里，成年礼物是隆胸手术。

:: 自从有些人开始愿意为"脸面"花大钱后，整形手术就蓬勃发展起来了。在 1997～2003 年，美国的整容手术增长了 220% 多，越来越多的十几岁女孩得到隆胸手术作为毕业礼物。一年内，19 岁以下做隆胸手术的人增长了近 3 倍，从 2002 年的 3872 人，增长到 2003 年的 11 326 人。

我自己的女儿 5 岁时，我就开始帮她抵挡媒体的轰炸，我对她说："内在才是最重要的。"一天，她和另一个 5 岁的玩伴站在镜子前精心打扮，欣赏自己的头发。她的小朋友说："梅格，我们漂亮吗？"我那虽然不明事理，但家教良好的女儿回答说："我妈妈说了，漂亮很好，但勇气和气质才是真正重要的！"好吧，也许我行动得早了点，但我想告诉她一个对将来很重要的观念。

真正的倒影

女孩同时从母亲身上和文化环境中学会怎样做一个女人、一个妻子、一个爱人、一个朋友和一位母亲。如果一位健康、可靠的母亲帮女儿抵御名流、财富和完美形象带来的文化进攻，女儿就能树立正确的观念，即健康的女性特质来自于她是怎样的人——她的价值观、原则、勇气、诚实、坚强的内心、爱和同情的能力，和她自己的做事风格。但如果女人从小被教育的就是外表怎样比个人感受、个性、价值和真相更重要，就会感觉空虚。每当我听到蒂娜·特纳唱的"爱和这有什么关系?"时,我真希望唱的是"美貌和这有什么关系?"而爱,其实和健康发展的方方面面都有关。

  要想摆脱这种空虚感和外貌导向的人生观,自恋母亲的女儿首先要学会协调作为一个独立个体的自我意识。她要先找出那些让自己变得美丽、独特的事物,从对人和环境的不真实的、自动的反应方式中分离出来,而这种反应方式对她曾经是习以为常的。不过,在开始这些重要的康复步骤之前,我想让你看看,有一个自恋母亲的童年,会怎样影响你的职业选择、人际关系、养育子女的方式,以及你在这个世界上的位置。和我一起上路,我们会看到一些独特的规律。

第二部分 自恋母亲如何影响了生活的方方面面

WILL I EVER BE GOOD ENOUGH
Healing the Daughters of Narcissistic Mothers

第一部分详述了母性自恋的特点和表现方式。现在我们将讨论它们会怎样对你的生活造成直接影响。

自恋母亲的女儿吸收了这样的观念"我有价值,是因为我做了什么,而不是因为我是怎样的人"。长大后,这一强有力的信条会让我们做出两种截然不同的表现:高成就动机型和自我破坏型。

由自恋母亲养大,会带来深远的影响,这种影响将在灵魂上烙下印记。要除去这一印记,成为独特的个体,得遵循第三部分里的康复程序。但首先,你得分辨出哪些行为模式是你自己的。

第 6 章：
我这么努力！高成就动机型女儿

> 很早的时候，大约10岁，我就下定决心：努力是唯一能让我感觉良好、唯一能弥补那些"做得还不够好"观念的方法。我希望当时有人能告诉我，这并不解决问题。那时，这种努力做事的逃避方法听起来很管用。
>
> ——克莉，35岁

第6章
我这么努力！高成就动机型女儿

我把高成就动机型女儿称作玛丽·马维尔[一]，她们刮起成就动机的旋风，要向母亲和世界证明自己有多优秀。她试图告诉自己"我是有价值的人"，告诉母亲，"看我做的那些了不起的事就知道了"。她发现无法喜爱自己的本性，她把自己的价值建立在功成名就、日理万机上。如果无法完成她（或者其他人）认为重要的事，她就自觉一文不名。健康的人因其本性而被接受，也安于自己的本性，高成就动机型则成了"行动的人"。

这样的女人外表是女强人，但内心并不因她们的多产和成就而感到满意或自在。她们从不给自己应得的肯定，却不断地在无能感中挣扎。由于不断寻找更多证明自己的机会，她们常常感到慢性疲劳，察觉不到这种成就动机怎样抑制了她们照顾自己的能力。玛丽·马维尔们可能受教育程度很高，专业能力很强，也有可能是完美的家庭主妇，但不管什么事，她们总觉得自己做得还不够好。

你也是个"玛丽·马维尔"吗？一种辨认方法是看看你是怎样界定自己的。你一般用你是怎样的人来描述自己吗？比如"我是一个可爱、友善的人，竭尽所能坦诚待人，努力过一种能为社会做些重要贡献的生活"。抑或你的界定和你做的事情联系更紧密？比如"我是一家大型制造企业的 CEO，我是个企业主，我是位律师"或者"我不仅是四个孩子的母亲，也是女童子军领袖，还在主日学校教书"。

[一] 根据百科的说法，玛丽·马维尔是连环画里的一位女英雄，首次出现在 1942 年。她是马维尔上尉的至交比利·巴特森的妹妹。玛丽和她哥哥从小就是孤儿。每当召唤特殊能量时，她就会变成她已故母亲成年时的样子。

你也许已经懂得，为了得到妈妈的接纳和赞许，你必须成为她手下的实干家。如果你妈妈是第 3 章里提到的那种"成就动机型"自恋者，你在成长中也会模仿这样的角色榜样，遵循"有成就才有价值"的信条。虽然对你寄予了这种期待，但达到期待并不会真正让你自我感觉良好。因为不管有多努力，你总会听到内心的声音：这还不够好。

这种态度让人沮丧、悲伤、不解。总有一股力量推着你去做更多的事，但做这些事带来的良好自我感觉稍纵即逝。于是你提出更多的要求，希望事情最后能有个头。大部分自恋母亲的女儿不明白这一推动力的来源，但觉得自己必须紧紧跟上。正如两位作者在《自恋家庭》一书中所言："工作狂的种子在自恋家庭里生根发芽；'我做故我在'成了这类家庭里出来的成年子女的座右铭。"

:: 罗莎是一个很可爱但风风火火的女人，不管她在怎样的团队里，做的事总比自己该做的多。她解释道："我必须努力工作，以证明自己没有白活——必须工作，工作，再工作。"

:: 杰莉琳是大学教授，有 3 个孩子，她早年就走上这条路。她提到："我小时候就加入了这场赛跑。成绩优异，在高中参加大学预科课程，每种体育运动都会，参加所有的音乐节目和荣誉课程，保送大学，直接升入研究生院。看起来很成功，但不知怎么地，我觉得自己好像要证明我不是白活在世上。"

我得承认我也是这种类型。有时，我能够肯定自己的成就，但

第6章
我这么努力！高成就动机型女儿

即便这样做，我还是觉得若有所失。一生中，如果别人问我为什么我还要争取更多——又一个学位、又一个商业创意、又一个重点工程，我总会很生气。而你自己，可能要等到完全康复、发现背后所有的互动关系时，才能够解释这一切。我们这些女儿，也许会把自己说成A型人格，或者抱负心强。但在内心，我们知道这种个人的疯狂竞争其实另有原因。我进研究所前一个反复出现的梦境，表明了这种努力奋斗以实现目标的潜意识冲动：

::我正站在卧室的镜子前穿衣。当我艰难地试穿几套衣服时，沮丧感逐渐袭来，每个细节看起来都不对劲，每样东西都不合适。我不管不顾，不停地换衣服。卧室外面大厅里的一个声音在叫我："快点，你这样就挺好啦。"

我很多年都误解了这个梦。我以为跟它有关的事情是，我和丈夫一起准备出门的时候，他对我没有耐心。但我最终意识到，大厅里的那个声音是我自己的直觉，它明确地告诉我：顺其自然就很好。

那么，这是什么意思

如果你符合关于玛丽·马维尔的描述，你可能会问这样的问题："但如果这是我自己的选择，我只是在做我想做的事呢？尽管刚好表现出比别人更高的成就动机，可这有错吗？"当然，相当一部分高成就动机的人正在做他们真正想做的事情。许多选择玛丽·马维尔道路的，都是真正有成就、有魅力的女性，我尊重她们才能的多样性。

其实，有时自恋母亲的遗产最后会变成一个礼物，为你提供一种他人所不具备的内部动力。一位相当有才华的女艺术家这样解释道：

::我经常觉得我的艺术是难以触及的；由于它是一个内部事件，我那自恋的妈妈就不能对它施加影响，从而，它逃脱了妈妈的控制。它是我成长过程中一种不断丰富的私密乐趣。我得把大量的时间花在自己的内心世界里，不要去打扰母亲，保持安静和低调，所以我绘画的能力，可以说是内心世界的自然生长物。如果要我列出在自恋家庭里长大的积极结果，这就是最重要的一个。

如果你是高成就动机型，正在追求你所选择的人生梦想，并且你能在这一过程中肯定自己、照顾好自己，那你就做得非常好。只有在下面几种情况下，高成就动机才成为问题：

- 你有一些身体或心理的健康问题，且这跟你不能照顾好自己有关。
- 你只寻求外部标准来确立自我价值。
- 你发现，在生活的每一方面，你都无法肯定自己的成就。

让我们来仔细看看这些玛丽·马维尔式陷阱，以确定你没有掉进去。如果你已经掉进去了，可以一步步爬出来。

不会照顾自己

日理万机、疯狂工作可能成为一种类似酗酒、药物成瘾或暴食

第 6 章
我这么努力！高成就动机型女儿

症的自我破坏行为。它一样会让人对痛苦麻痹。如果你有慢性疲劳，发现自己无法放慢节奏，开始出现健康问题，那你就该总结一下，看看你做的事是否符合自己的价值观（而不是母亲的价值观，或内化的批评声音）、对你的健康有没有好处。表面上表现得坚强不屈，也许是想逃避内心缺乏价值感带来的空虚和痛苦。下面就是几位开始从心底里接受这种行为的女性。

　　:: 萨默觉得，她的价值取决于她做了什么，而不是她是什么样的人。"我简直是台工作机器。这是我妈妈训练的结果。我不知道怎样停下来，这已经影响了身体健康。我有多发性硬化症，过去几个月里做了 9 次活组织检查，有肠道易激综合征，无法保持体重，还有关节炎。我没日没夜地工作，副业做了 4 份会计委托兼职，是女儿们参加的女童子军领袖，是青年体育教练，还自己做首饰和蔬菜罐头。人人都因为我做的事情而注意我，却没有意识到我内心深处还有一个我。我没法安心坐下。我觉得自己正在弹跳越过一些小建筑物，一旦停下，就会摔得粉身碎骨。"

　　:: 波尼有些后悔地回顾了她的非凡成就："我上班的时候，感觉再不好也不会打电话请病假。我做每一份工作，都付出 100% 的努力，其实我做每件事都是这样。只有这样做才能让自己满意。抚养我的女儿时，有时我把太多应该在家陪伴她们的时间投入到工作上。现在，我有些后悔的感觉，也有了一个新的纤维肌痛症状。"

　　:: 45 岁的玛洛对我说："不管是在工作上，家里的大事小事上，还是我不断设定的新目标上，我都是个成就动机很高的人，一个 A 型人格的完美主义者。我一直觉得做得不够好，还需要多做些事。我常常感到焦虑、忧心忡忡、压力过大。"

一旦你意识到自己正在试图用各种形式的成就来弥合心里的脆弱，你就会发现你怠慢了你自己，怠慢了你爱的人。然后你就有能力开始做出改变了。

内部认可和外部认可

认可的需要可能成为一种"第二十二条军规"[1]。如果女孩在早年生活中得不到认可，作为年轻女人又没有认可自己的能力，就往往会屈服于努力奋斗、以获得他人认可的诱惑。这是一种无意识的诱惑，因为玛丽·马维尔几乎总是技艺精湛、表现出众。所以，要从朋友、家人、职场或社会上获得认可并不困难。鲜花和掌声似乎能填补空虚，但依赖外部认可会导致焦虑。由于这是外部的认可，女儿并不真正拥有它，也无法控制它，它随时有可能被别人夺走。除非她不断超越，否则终将会消失。

另一方面，学会依靠自己获得认可，你就能获得平静。在本书的康复部分，你将学会这种方式，不过现在，让我们来看看，为什么你会觉得认可自己那么困难。

---

[1] Catch-22，源自约瑟夫·海勒的同名小说，在小说中美国空军有一项愚蠢的规定：只有疯子才能获准免于飞行任务，但必须由发疯者本人提出，而军医则把所有自己提出发疯状况的人视为正常人。现在这一词汇用以指代自相矛盾，不合逻辑或难以摆脱的困境。——译者注

第6章
我这么努力！高成就动机型女儿

我是不是骄傲自大了

很多女儿害怕给自己认可。即便偶尔为之，也会觉得自己的行为有些自恋，或者至少有点骄傲自大，就像她们的母亲那样。如果你是在担心这样做模仿了你的母亲，那么请记住，真正的自恋有"一种夸张的妄自尊大感，比如，夸大自己的成就和才能，期望获得超过自己真实成就的名望。"

自恋者的自大很不实在，往往盛名之下难副其实。她要让自己看起来比真实情况强大，因为她对自己信心不足。多数高成就动机型或玛丽·马维尔式女儿，有相当多的真实成就，因为她们一直那么地努力。让你为自己的成就感到自豪的，并不是自恋。你不需要夸大其词，只要给自己应得的肯定就行。在值得肯定的地方给自己肯定，能帮你脱离那种"加油！加油！加油！"的老鼠赛跑。既然已经做出成就，应该感觉良好才对。

我是个名不副实的冒名顶替者吗

高成就动机的玛丽·马维尔型女儿不能给自己内部肯定的另一个原因，叫作"冒名顶替综合征"。有这种症状的人无法认可自己的成就并公之于众，不管她的成就达到了怎样的水平。她也许有大量证据（包括财富、物品）证明自己有一些好不容易才获得的成就，但她仍然相信，要么她不配获得成功，要么她只是个骗子。她会降格成就的外部标识，认为只是运气或时机正巧。这类"冒名顶替"经常觉得好像自己误导了别人，让别人以为她聪明能干。虽然有证据表明许多男人也有这样的感觉，但大部分觉得自己像"冒名顶替"的，还是女人。

自恋母亲的高成就动机型女儿很容易患"冒名顶替综合征"，因为教养方式决定，我们会认为自己永远都做得不够好。当一个女人心里并不觉得自己有价值时，她会觉得自己配不上，无法接受成功和认可。

:: 46岁的朗尼是一位生气勃勃的成功企业主，有一家自己的服装公司，她这样说道："我有个窍门，能在不自信的时候让自己看上去很有能力。我总担心有人会发现其实我并不擅长自己的工作。我只会做做表面文章。这让我很烦心，我知道总有一天会有人发现真相，管我叫骗子。"

:: 57岁的爱伦是个成功的房地产经纪人，但她并不把成就归因于自身的努力："每当我又做成一笔大生意，即便我知道自己为此付出了许多，也会把它看作运气或者机遇，即馅饼又一次掉到了我头上，下次我多半就会失败了。"

:: 38岁的凯瑞娜回忆说，当她拿到博士学位时，感觉不赖："我总算写出了那篇该死的学位论文，但相信我，我永远不会拿给别人看，我不想让别人知道它有多愚蠢。能拿到学位真是太神奇了，也许我的专业特别简单，或者那些教授觉得，我都学了那么多年，怎么也得让我通过了吧。"

在上面这些例子中，你能看到女人是怎样给自己的成就打折的。

第 6 章
我这么努力！高成就动机型女儿

除了这些倾向，高成就动机型女儿还会自我贬低，故意缩小她们的优秀品质，因为她们担心别人会觉得她们骄傲自大。这种行为，是她们在成长过程中，被母亲当作妒忌对象的后遗症。

一篇题名为《"冒名顶替综合征"简述》的文章，详细描述了某些自恋家庭的互动方式。

::从父母或早期生活中其他重要的人那里获得的品质、信念、直接或间接的观念，都有可能让我们发展出"冒名顶替"的感觉。某些家庭环境和互动更有可能让人产生这种感觉：比如当成就和职业理想，同家庭因个人的性别、种族、宗教、年龄而产生的期待相冲突的时候；还有那些强加苛刻标准的家庭，喜欢挑剔的家庭，以及充满矛盾和愤怒的家庭。

有"冒名顶替综合征"的高成就动机型女儿，很容易有"泛化的焦虑、自卑、抑郁和沮丧，这些都跟无法达到自己设定的标准有关"，而且通常会不断地找机会证明自己的价值，直到接受康复治疗。

即便有了过多的、重复的成功经历，"冒名顶替"的感觉还是不会减少。这是内化了的观念带来的持久影响力。才能出众的女性都会经历下面这些故事：

::莉莲想在她的桂冠上歇一歇，却做不到。"我小时候从没能达到要求。如果我考了B，有人会问：'怎么没考个A？'如果我打扫了卫生间，我得再打扫一遍，因为第一遍弄得不够干净。现在我长大了，是个成功的影视编剧，应该总算能获得一些成就感了。但我从没有肯定过自己，因为我永远无法知道，另一只鞋什么时候又要落下来。说不定会发生什么事，让那个自豪的我再度陷入羞愧。

:: 卡西迪总是问自己："我进了医学院，成绩很好。我在帮助他人的过程中焕发出强烈的热情，而且我热爱自己的工作。人们叫我'医生'，尊重我，向我寻求帮助和建议。即便我现在知道自己确实拥有这些重要的技能，还是不敢因为这些努力而肯定自己。我一直是个挺成功的人，但妈妈总会警告我，'可不要骄傲自满'。"

:: 59 岁的莱拉很清楚应该照顾好自己，但"我有时候感觉不错，但这种感觉稍纵即逝。我的自尊心很容易受到打击。自我怀疑只是一种逃避方式。我丈夫常常对我说：'你知道自己有多生猛吗？'对获得的那些奖项，我非常吃惊。他们为什么选我？我的简历有 6 页长，但我甚至不能对自己说：'加油，你做得不错。'"

:: 45 岁的珍妮说道："奇怪的事情总是找上我。我在家里得不到支持。我在学校成绩不错，参加演讲比赛和体育运动。我是发表毕业致辞的人⊖。但晚上我会哭着入睡。14 岁到 20 岁之间，我其实已经得了抑郁症，但自己并不知道。学校是我的出路，在那儿，别人会说我聪明伶俐，人也不错。我会弯腰低头接受奖励。十几岁的时候，我总想用衣服把自己遮起来。那时我身材很好，但并不想让别人看到。我一点信心也没有，非常低调。我不能展露自己的特长，否则妈妈会在情绪上虐待我。直到现在，我在别人面前仍然非常克制，没人给我什么指导。在工作上，我成

⊖ 通常是毕业班最优秀的学生。——译者注

第 6 章
我这么努力！高成就动机型女儿

功地创立了自己的事业。在公共关系领域，我完全不知道该怎么做，却还成了训练有素的专家。我知道已经很努力了，可觉得自己像个江湖骗子。回顾自己的人生，我觉得活着太累了。"

这些才华出众、训练有素，甚至拥有智慧和自我警觉的女人，其早期成就是被她们的自恋母亲所劫持。但现在，劫持自身成就的，就是她们自己。我在玛丽安妮·威廉姆森收藏的这段文字中得到了安慰和灵感，我希望读者也能这样，也希望你会开始第三部分中的康复程序。

::我们最深层的恐惧不是害怕自己没有能力，而是害怕自己能力出众。是自己发出的光芒，而非阴暗部分吓到了我们。我们会问自己：我们怎么可能成为一个才华出众、让人满意、能力非凡、令人惊奇的人？其实，你为什么不可能成为这样的人呢？你是上帝的孩子，你低调为人对这个世界没什么好处。没有哪种见识认为你应该缩手缩脚，以免让周围的人觉得受到威胁。我们就该像孩子一样，充分释放自己的光亮。我们活在世间，就是为了展现自己身上的上帝荣耀。这种荣耀不仅在我们身上，也在每一个人身上。我们让自己发光时，无意识中也同意了别人这样做。当我们从自己的恐惧中解放出来时，我们的存在就自动地解放了他人。

水晶鞋合脚吗

如果你发现自己符合玛丽·马维尔的描述，那你并不孤单。恢复健康的方法就在本书的第三部分。许多自恋母亲的女儿都获得了这样一种观念：要做好，但不要做得太好，以免让你的母亲相形见绌。我不想再给你一个矛盾的信息，所以我想再说一遍，你的成就的确是非凡的。你已经克服了许多困难，成为一个出色的女人，现在，你应该照顾好自己，给自己应得的肯定。这样你就会喜欢上这些成就，并懂得珍爱自己。

第 7 章
这有什么用：自我破坏型女儿

> 克里西也看到了用努力工作来逃避的好处，但她没有这样做。克里西性格中有种执拗、淘气、叛逆的倾向，这让她获得了某种解放。她以前是个机灵的小姑娘，很早就发现了问题所在。像个乖女孩一样努力学习、通过考试、进入大学，这对你有什么好处？你最后还不是下场悲惨、身陷牢笼、没有自由。
>
> ——玛格丽特·德拉布尔，《尺蛾》

某种程度上,所有自恋母亲的女儿一路行来都在投降认输。因为一开始,当我们需要为自己的独立赢得一场又一场战斗时,我们每个人都是孩子,而不是老练的战士。我们当中谁也没有能力满足母亲的期待。那些没有成为优秀小孩并以此证明妈妈错了的人,选择了截然相反的道路,把愤怒发泄在自己身上,不明智地破坏了自己的努力。妈妈创造了一个只会失败的环境,我们在其中永远无法证明自己,于是我们很生气,以某种方式对妈妈说:"看到了吧?事实证明我没法成为你想让我成为的那种人!"

在内心深处,自我破坏型和高成就动机型是一对双胞胎。虽然她们选择了完全不同的道路,形成了截然相反的生活方式,她们的心理和情感问题却是一样的。

你属于自我破坏型吗?这一类型的一些特点是:

- 动不动就放弃。
- 用各种成瘾物来麻痹痛苦。
- 在自我破坏的生活方式中无法自拔。
- 成就水平很低。

下面是一些自恋母亲的自我破坏型女儿的故事:

::塔林做事总是谨小慎微。她很少能举出成年后为了争取自己想要的东西而冒险的例子。"我成为一个成就水平很低的人,是由于那种'永远不满足'的观念。对失败的恐惧让我不愿意尽力而为。如果我走中间道路,就不用面对失败了。我有很多大的创意和灵感,但它们永远是我

第 7 章
这有什么用：自我破坏型女儿

的梦想而非目标。我心想：哦，也许做了会很棒，但我不会去做。我也许做不好。"

::桑德拉欣然将自己描述成一个成就水平低的人。"我不觉得有必要把什么事情做得很好。既然我什么都做得不够好，何必再折腾呢？50岁时，我买下一家花店，但从没有费心经营过。在工作上，我从来没有好胜心。把工作完成就可以了。"

::每次错过机会，萨莉总能找到借口，她说："我不喜欢卷入太深，我避开所有的事情。我很聪明，但不够自信，我也许能多做些事情，但我很害怕，勇气不够。我获得的主要观念，就是找个人嫁了就行，我也正是这样做的。"

为什么有些女儿成长为高成就动机型，而另一些则成了自我破坏型？我发现，多数情况下，高成就动机型生活中有过一个特殊的角色，可能是奶奶、姨妈、爸爸或其他亲戚，能帮她树立积极观念，并抵消、应对从母亲那里得到的消极观念。这个特别的人往往慈爱、富有同情心、很会照顾人。自我破坏型的生活中常常缺少这样一个人，即便有，相处的时间也还不足以改变状况。

为什么会自我破坏

自我破坏者的行为模式和情绪问题往往是为应对不健康的教养方式而形成的生存策略。很少有人刻意地进行自我破坏，但如果一个女孩缺少母亲的支持和教养,她就很可能在理解和处理自己的情感问题上遇到了困难。如果你妈妈否定她自己的情感,那她很可能也不允许你认可你自己的情感。

孩子往往相信妈妈掌握着所有的真理,能解答所有的问题。如果妈妈不喜欢自己的孩子,或者觉得她不够优秀,那孩子也会相信自己不值得被爱,而且很无能。如果没人来改变这种扭曲的认识,让孩子知道她是有价值的、值得被人所爱,她就会内化这些消极观念,最终认为她只能是这样。

让我麻痹自己的痛苦吧

由于正常的情感问题被掩盖而没有得到解决,女儿开始寻找防卫机制,以应对自己的不快、悲伤和空虚感。她也许会变得相当抑郁;或者出现饮食失调、药物成瘾、酗酒等问题,借以对痛苦和无能感进行自我治疗;或者产生情绪失调,以掩盖痛苦的根源,将注意力转移开来。这就形成了一种恶性循环,让自己情感麻痹,无动于衷。她依旧无法处理正常的事物,这反过来又强化了自己一文不值的感觉。她用破坏性的行为把别人推开,使自己变得孤独、空虚。

::谢丽的行为在几年内逐步升级。"我对破坏自己的生活非常着迷。我跟很多人发生关系,到处寻找爱。我高中就开始酗酒。几年前我甚至成了个偷窃狂,这种逃避方式持续了大概一年。这跟酗酒差不多,只不过焦点是在偷东西上。我可以逃避痛苦,但这太可耻了,我曾经很喜欢寻求刺激。"

第 7 章
这有什么用:自我破坏型女儿

:: 28 岁的美瑞迪斯是自信不足的典型,她没法鼓励自己去改变生活。她去上过大学,但没有申请学位,最后退了学。她很清楚她是怎样伤害自己的,但仍然准确地预测说:"如果我试着去做重要的事,我就很可能因为焦虑和恐惧而晕倒。"

:: 阿西娜和她的姐妹们都有饮食失调的问题。"我姐姐有厌食症,我有暴食症,我妹妹两种都有!我们都因饮食失调而住院,还非得和妈妈讨论这个问题。在媒体上看到这种事,她总是大加指责,话说回来,但凡有一点毛病的人都会被她看扁。她会说些很难听的话,比如:'那个女人怎么能吃成那样?她吃的像头猪一样。看看她的头发!'在沙滩上,她会对别人的身材和赘肉指指点点。我现在体重超标,而且可能会永远这样。我已经放弃了。"

:: 35 岁的内莉告诉我"从小时候起,我就觉得自己有什么地方不对劲。我得过几次持续时间很长的抑郁症,甚至为此住过院。很多时候,熬过眼下这一天就是我的目标。我经常想找一座最高的大楼,然后从上面跳下去。我最终发现,自己既不会生气,也没有任何感觉。我对任何事情都是麻木的,不论好事还是坏事。当我意识到自己成长过程中出了一些问题时,我下决心要改变自己。"

:: 盖尔在自欺欺人地过了很多年后,终于对自己坦白了真实的生活状况:"我是个让人讨厌的酒鬼。我妈妈也是,而我曾经发誓永远不会像她一样!最糟的是这给我的生活带来了毁灭性的影响。以前,我能把事情做得很好,而喝了酒后,一切都搞砸了。好像我把一切好东西都给毁了,最后没地方可去!"

::由于从来没达到过母亲的期望,玛丽安十几岁就开始吸毒,到了26岁仍在和毒瘾斗争。"这让我的人生彻底失败,"她回忆说,"以前我在一家诊所上班,后来因为私自拿走了他们柜子里的处方镇痛药而惹祸上身。起先我以为很酷,后来被人抓住,还被指控犯罪。我现在参加了匿名戒毒会,头脑慢慢冷静下来,但我以前花了很长时间才意识到,自己毁掉了生活中所有美好的东西。想想过去浪费的这几年,我心里非常难过。"

::达默里斯正在试着接受一些令人痛苦的真相。"没有人会爱自己,这种感觉会带来一些毁灭性的后果。我总觉得自己会被拒绝,所以我发现,没法在别人面前坚持自己的主张。我在治疗中明白,自己是个消极的人,信心很难坚定。这种消极让我丢了很多次工作,也失去了很多朋友,甚至失去了领养一个孩子的机会。这些都让我忍不住落泪。"

::坎迪一直非常配合治疗,想让自己从母亲的影响中解脱出来。"讽刺的是,在妈妈死掉以前,我觉得自己没法开始真正的生活。我把这叫作讽刺,因为正是她把我带到这个世界上。我感觉自己好像被绑在铁链上。只有她离开后,我才能开始争取自由和幸福。为什么我觉得只有当她的生命结束时,我的生命才会开始?"

::克里斯蒂告诉我:"我两年前被诊断患有抑郁症,当时我被这件事击垮了。我发现我和家人的互动关系,以及妈妈的某些行为是根本原因。我也知道是外婆把这种行为模式传给了妈妈。我有两个姐妹,她们都得

第7章
这有什么用：自我破坏型女儿

解决自己的问题，一个酗酒，一个有暴食症。我希望我们都能消除内心的空虚。我也需要别人来帮我了解自己，了解我到底想要什么。我43岁了，还在试着想清楚长大后要成为什么样的人。我目前的工作实在可怜。"

::米堤在描述自己的作为时，经常用到"破坏"一词。她觉得发生在她身上的每一件好事，几乎都被她给弄砸了。"我知道这和我妈妈有关，"她说，"妈妈总是喜欢有天赋的小孩，我从小就在脑子里建立了一个幻想世界，在其中，我才华出众，备受疼爱。十几岁的时候，我会一面玩音乐，一面闭上眼睛，在脑海里任想象力驰骋。我常常想象自己是一位伟大的歌手、舞蹈演员或吉他手。18岁时，我上了一些吉他课，却明白我永远不可能成为梦里那种人，就放弃了。我也喜欢列队舞，直到亲眼见识了英国冠军。然后我在想：问题出在哪儿呢？我永远不能为了纯粹的乐趣去做一件事，于是从一件事跳到另一件事，终究一事无成。我漫无目标。也许我是想趁还来得及，找到一种给母亲留下深刻印象的方式。我不知道我要找的是什么，甚至不知道我是否了解'真正的自己'。"

::内心深处，贾妮丝总想要孩子。"我一直想有个家。我曾经和单亲爸爸结过婚，但自己从没生过。每逢看到带着小孩的女人，我就格外伤心，我嫉妒她们的亲密无间。这让我想起，我自己的童年是被偷走了，而我永远也找不回来。小时候，我总被拿来和别的小孩相比。我妈妈是个保育员，大概在我9岁那年，她照看了一个相当可爱的3岁小女孩。我们一起出门时，妈妈会在陌生人面前假装这个小孩是她生的，而其他几个孩子是她替人照看的。她总是提醒我，我会永远相貌平平、一事无成。她的口头禅是：'等你长大了，我希望你生一个像你一样的女儿，那样你就会知道这是什么感觉了。'生孩子太可怕了,要是真像她说的那样怎么办?"

作为成年人,其实你有能力摆脱自我怀疑的束缚,并减轻母亲缺乏母爱带来的影响。事实上,你有责任这样做。你没有必要把自己托付给自我破坏的力量。给自己设置障碍是不公平的,你有资格获得更好的待遇。不要灰心丧气,因为恢复健康并非不可能。

我们都在努力

如果这一章的内容给你带来了打击,千万别觉得孤立无援。所有自恋母亲的女儿都有一些自我破坏行为。虽然高成就动机型和自我破坏型女儿过着截然不同的生活,但她们都有自我破坏行为。记住:这两类女儿的内在问题是一样的,只不过在外在环境中以不同的方式表现出来。也许一个住在乡村俱乐部里,而另一个靠救济生活,但她们都有抑郁、焦虑、体重异常、成瘾、健康状况不佳、有压力、人际关系处理不好等一系列问题。她们都内化了"成就比人品更重要"这一观念,都得面对内心那些消极的观念。

寻找替代家长

人们通常发现,高成就动机型女儿住在豪华的房子里,事业有成;自我破坏型则住在亲戚的地下室或监狱里,到处领失业救济。如果孩子无法依赖自己的母亲,他们在成长过程中就会寻找替代家

第 7 章
这有什么用：自我破坏型女儿

长。为了得到被照顾的感觉和安全感，他们会试着让朋友、亲戚、爱人、伙伴，甚至是社会来照顾他们。这可能会让他们以为，由于他们得到了照顾，他们也就得到了爱和关心。但其实，他们从没真正感觉到被别人关心。

你会发现，这是寻求外部认可的另一种方法，就像高成就动机型的人通过他们的成就来获取外部认可一样。但要恢复健康，自我破坏型和高成就动机型都需要找到内部认可。

下面说到的这些女人都很聪明，有天赋，有能力，但她们谁也不相信自己。她们都说自己已经放弃了，觉得既然做不到，还折腾什么呢？她们找到了某种窍门，让别人以一种不正常的方式来照顾她们。

- 佩姬因非法持有毒品入狱，刚被放出来。
- 萨米靠救济生活，是单亲妈妈，没有钱，也没有车。
- 艾莉的钱只够付房租，却买不起吃的。她去领食品券⊖，肚子饿时，就去快餐店拿小包的番茄酱，加水做成番茄汤。
- 45 岁的乔安还住在父母家的地下室里，她不相信自己能找到一份工作。
- 乔安天天酗酒。
- 雪莉的男朋友弄断了她的胳膊，她现在刚刚出院。

自我破坏行为不是源于能力或技巧不足，它是一种内在于你的斗争。你确实想做点什么，但内心的声音说你做不到，或者不该做。

⊖ 发给失业者或贫民的粮票。——译者注

比如前面说到的乔尔，她很清楚自己应该待在匿名戒酒互助协会，把酒瘾戒掉，但她泄气了，又拿起酒瓶。雪莉知道她应该和男友分手，但她不想一个人生活。乔安有一个初等教育的学位，可以找到一份工作，但她觉得自己不会被录取，所以也没花时间去填申请表。艾莉也能找到一份工作养活自己，她只是信心不足，不愿意尝试。佩姬知道毒品对她有害，但她自暴自弃，因为她觉得永远没有人会爱她。萨米以前成绩优秀，还是荣誉毕业生，但她总是跟不合适的男人搅在一起，对自己感觉很差，没有前进的动力。这些女人都非常希望做出改变，但总觉得灰心丧气，难以自拔。内心的消极观念已经控制了他们的生活和情感。

通常，自恋母亲发现自我破坏型女儿的这种成年生活时，会大吃一惊，要和她断绝关系。这样的女儿给自恋母亲带来了难以承受的耻辱。孩子的行为会给她的声誉带来什么影响？邻居会怎么想？亲戚又会怎么看？当然，陷入上述困境的女儿都能从母亲那里获得些帮助和情感支持，但自恋母亲更关心的是女儿的行为会怎样让她丢脸，且往往没法提供帮助。

如果你是自我破坏型，应该知道，你并不是无关紧要的人，这一点非常重要。有许多人都真正关心你，努力康复也确实会改变你的人生。痛苦和努力是你人生旅途的一部分，你必须面对这一核心问题，这样你就会看到，你确实具备安排好自己的生活、调整好自己的情绪的各种条件。不管妈妈怎样伤害了你，你都有能力康复。我会陪伴你经历治疗的每个步骤。你要做的，就是循序渐进，认真对待自己。

:第 8 章:
不切实际的想法:妈妈没能给我的爱,要在其他地方得到

> 如果一个人能富有成效地去爱别人,他也会爱他自己;如果一个人只爱别人,他就根本没有爱的能力。
>
> ——埃利希·弗洛姆《爱的艺术》

人们至今仍在追寻到底什么才是爱。我们都追求爱、珍视爱，对爱是什么样的感觉，我们每个人都有自己的看法。

自恋母亲的女儿经常会用不合适的恋爱关系来填补她们的情感空白。不幸的是，她们想找到合适的伙伴来认可她们，却总是在错误的地点搜寻。在本章中，我要介绍一种我称之为"扭曲的爱"的东西。作为自恋母亲的女儿，我们当中许多人都认为，爱意味着别人能为你做什么，或者你能为别人做什么。许多女性无意识中基于这一扭曲的定义来选择伴侣，从而建立起一方依赖另一方的关系——也有可能根本无法建立关系。依赖的人考虑的是别人能为自己做什么，被依赖的人考虑的是自己能为别人做什么。无法建立关系则是放弃，或者根本不想进入二人世界的表现。

∷ 25 岁的亚丽克西斯面临择偶问题时，她并不确定应该找一个什么样的人。她告诉我："妈妈平时根本不用'爱'这个字，除非她是在说一双鞋！哦，我想她确实说过她爱她的猫。可我怎么会知道爱是什么意思？"

依赖和被依赖的关系既不健康，也很难让人满意，往往以失败或痛苦的纠缠告终。如果这段关系结束了，女儿仍有可能重复这种模式，直到她开始恢复健康，并明白自己的"择偶机制"是有问题的。女儿会一次次重演和母亲的关系模式，这在心理治疗领域称为"强迫性重复"——这种关系的循环会一次次带来失望。等到期待和希望破灭时，很多女人都选择自我封闭或者独身。

第8章
不切实际的想法:妈妈没能给我的爱,要在其他地方得到

当关系结束时

不管自恋母亲的女儿是被对方甩了还是主动离开对方,她都会因这一失败的关系感到极其羞愧。不管这是第几次失败,她的无能感都会加深。感情上的失败会极大地影响她的自尊心。在我们的社会里,女人可以在生意上失败、在经济上失败,但感情上的失败就不那么容易被人接受了。离婚或失恋一次以上,就感觉像是受了诅咒,或遇到了灾星。女人会产生负罪感和羞耻感,而她会发现,羞耻是最糟的感受。跟"罪"有关的,往往是一种可能被原谅的行为,但羞耻感包围了她的存在,具有一种"全或无"的特性,会对心理健康产生毁灭性的影响。自恋母亲的成年女儿往往把自己描述成"次品"或"破损商品",尤其在经历了一系列失败的恋爱关系以后。这种羞耻感背后的感觉,是她们觉得自己不值得被人所爱。

:: 漂亮的蒂拉在第二次离婚后来找我。她是那种典型的集美貌、聪慧、迷人于一身的人,让我想到娇小的瓷娃娃。但在她甜美的外表下,有着深深的悲伤和无价值感。她已经明白了自恋母亲的问题,但现在她的第二任丈夫离开她去找另一个女人时,她带着这样一个问题跑来治疗:"我是不是做得不够好?"

:: 55岁的玛戈告诉我:"我几乎没法谈论这种失败的感觉。我现在觉得一切都完了。谁还会想和我约会呢?你怎么跟人家说你已经结过不止两次婚了?难道他们不会想当然地认为你有病或者有点古怪吗?一切都糟透了,好像永远没法翻身了。"

:: 萨默说:"如果我想让自己沉浸在巨大的痛苦和羞耻感中,我就会想想自己的恋爱史,这屡试不爽。我常常试着干脆不要去想它,或者索性让它直接进入我的意识中。想想吧,和别人谈论那种不值得被爱的感觉!"

:: "不开玩笑,听听这事儿,"卡拉在向我解释她恋爱关系中的痛苦时,说道,"当我把未婚夫介绍给妈妈时,她握着他的手说道:'祝你好运。希望你比上一个表现更好。'一个人怎么受得了这种恋爱失败带来的羞辱呢?"

我们为什么会这样择偶

通常,自恋母亲的女儿会选择一个无法满足她情感需要的伴侣。当某件事对自己不合适时,直觉会以某种方式提醒我们,但如果它说的不是我们想听的,我们很可能会把它屏蔽掉。对爱的渴望萌发时,我们会对直觉的声音或本能的感受充耳不闻。多年来,对失去母爱的女儿进行的治疗和访谈让我懂得,我们具有一种深层次的直觉智力,但它似乎伴随着一种很特别的"耳聋"。在热切寻找那种小时候没有得到的爱时,女儿会对可能出现的警告视而不见。我们知道,我们只是不想听见。在治疗过程中,你将学会更好地倾听内部直觉的指导,并与之协调。

事实上,你主要是在一种无意识的层面上"选择"伴侣。人会被熟悉的事物所吸引。如果你和母亲的关系中有些问题没有解决,你很可能会发现,自己找了一个会重新构建这种母女行为模式的人。我们也更有可能挑选那些和自己处在同一情感水平上的人作为伴侣。

第 8 章
不切实际的想法：妈妈没能给我的爱，要在其他地方得到

如果你是依赖型，和伴侣在一起时你会有这样的感觉：我得指望你，依靠你；我认为你是一个能为我做很多事的人；你能照顾我；你有钱，有地位，有一个优秀的家庭和一份好工作，你很棒，理论上讲你很不错——你满足我的每一条标准。

如果你是被依赖型，和伴侣在一起则会有这样的感觉：我会好好照顾你，除了照顾我自己，这是最重要的事；我认为你能让我有一种被人需要的感觉；你需要我为你提供生活所需，照顾你，做你的妈妈；你需要我的爱，因为你小时候没有得到过爱，你还需要我的指导；总之，你需要我，而这让我感觉很好。

健康的二人关系是以相互依赖为基础的，两人会轮流照顾对方，但大部分时候两人都是相互独立的个体。这意味着谁也不是单一的依赖者或被依赖者。而在依赖与被依赖关系中，每一方都不是因为对方是怎样的人而爱对方，他们只是在扮演角色，在实践一种爱的扭曲定义。自恋母亲的女儿在择偶时，经常会被自己没有得到满足的情感渴望所误导。基于需要的恋爱关系往往很难让人满意，因为没人能满足一个成年人所有未被满足的童年需要。不过除非女儿能自己填补情感空白，否则她总是希望别人能让她拥有被珍视的感觉、有能力的感觉，以及她所缺乏的爱。

许多时候，成年女儿会选择一个甚至连合理的情感需求都无法满足的人做伴侣，因为她潜意识里想要找的，是一个情感上既不亲密，也不敏感的人。这是她所熟悉的类型，给她带来安全感，让她觉得对方的行为是可以预期的。在开始治疗之前，她并不知道自己的真实情感，所以需要一个同样不"进入"情感领域的人做伴侣。

当女儿的情感和亲密需要得不到满足时，她会很容易掉进自责的陷阱，而不是承认自己选了一个错误的对象。如果这种状态你听起来很熟悉，那么此处要尤其小心：你其实并不想掉进自恋的陷阱中，将你的伴侣看得过高或者过低。如果你的理想伴侣在你心里成了个流氓恶棍，你会觉得有必要在他抛弃你之前抛弃他。被抛弃是件可怕的事，因为你以前体验过被抛弃的感觉。父母曾经待在你身边，但你仍感觉在情感上被抛弃了。如果你是依赖型，要结束一段关系会更加困难。你也许会留在一个遭受虐待或并不健康的关系里，觉得自己不配得到更好的对待。如果你被伴侣抛弃了，从失落和拒斥中恢复的过程会异常艰难，因为这会让你想起过去和母亲相处的经验。

被依赖型关系

高成就动机型女人常常会无意识地寻找那些需要照顾的男人。她们被"我能为你做什么"的互动关系所吸引。心理需要和照顾母亲的娴熟技艺，让女儿成为别人生活的照顾者。当她能够以某种方式照顾伴侣时，她会觉得自己在一个熟悉的、有安全感的环境中。一个依赖她的男人是不会抛弃她的。作为照顾他的回报，她希望他能反过来填补她的情感空白。当然，这从来不会实现，真正发生的事情是：这个男人越苛求、越依赖、越不成熟，就越会让她想起她那个难以满足、总有太多"合理"要求的母亲。女儿最终会愤恨不已、怒火中烧、手足无措。她东奔西跑努力满足他的需要，指望他能有所回报，却总不尽如人意。最后她身心俱疲。

第8章
不切实际的想法：妈妈没能给我的爱，要在其他地方得到

成年女儿并不真正信任她的依赖型伴侣，也不相信他建立亲密关系的能力，因为她知道，某种程度上，她选了他，正是因为他不敏感，没有在情感上和她亲近的能力。她阻挠了自己获得认可的需要，破灭了自己想要建立真诚、相爱关系的希望。他无法因为她是怎样的人而爱她，于是她常感到沮丧、悲伤。她努力追求爱却无法得到，除非她能完全康复。

在治疗中，我用一个篮球的类比来描述这样的夫妻。想象一个篮球场，两边各有一个篮筐，旁边有看台。被依赖的一方，往往是高成就动机型女人，在两边篮筐下东奔西跑，她的伴侣坐在看台上袖手旁观，希望她为他们两人赢得这场比赛，过了一会儿，这个女人精疲力尽，又丧气又愤恨，想要停下来。看台上的伴侣也许会因为有人帮他包揽所有的工作而感到满意，但他的自尊心无法得到确认或提升，因为他并没有承担起自己的那部分工作。

::贝斯蒂婚姻中的大部分"三分球"都是她攻进的。"我对异常行为特别能包容。被依赖的时候很多！我现在意识到了。回想我的第二任丈夫，他既被动，又友好，我能容忍所有的事情，因为他对我很和气。我更有领导魅力，更善交际，是养家糊口的人。他利用了我。他很自恋，也受到了自恋的伤害。我忙里忙外，照料一应事物。他多次因为和别人的口角而被解雇。我经常帮他写简历，找工作。回首往事，我发现他根本没有意识到我为他做过这些什么。他对事情一点儿也不上心。他从来不说'对不起'。我容忍了这一切，我把它们轻轻吹走，继续过日子。我对他人的期待好像很低。在恋爱关系中，我付出八成、对方付出两成会

让我觉得很舒服，五五开就不行了。我总是付出的多，得到的少。"

::达里娅说："在恋爱关系里，我发现我的模式是，身体关系是最重要的。如果我不是以最性感的方式出现，我就觉得无法得到我男朋友的爱。我之所以有价值，是因为在性方面为他做的事。这是从妈妈那儿学会的，她总是那么漂亮，会为爸爸穿衣打扮。她的气味很好闻，内衣很性感，首饰很性感，为了爸爸，她让自己尽量好看些。爸爸有《花花公子》杂志，她会和我们一起从头看到尾。性在他们的关系中非常重要。她教会我，我能为一个男人做的事，决定了我在他眼里的价值。"

::每次谈恋爱，科罗尔总是比男人更加努力。"出问题时，我会确保一切正常运转。我觉得自己对每件事都有责任。相比之下，他好像不需要为太多事情负责。"

::"我的模式，就是找那些我能完全控制的男人，"夏琳说，"这样我就不会受到伤害了。我找的都是些任由我支配或者才智不如我的人。我结婚时，头脑里有个声音在尖叫：'不，不，不'。我那时就知道会有这样的结局，但仍然没有停下来。"

::马琳说，"我总是跟那些自己过得一团糟、需要我的人搅在一起。我和上一个男朋友分手时，他企图自杀，被送进了医院。我总是遇到些不走运的男孩。对女性朋友我也是这样，我是所有人的顾问。"

::64岁的凯特讲述了下面的故事："我谈恋爱的方式不太好，总是找不到合适的男人。我的第一任丈夫在肉体上和情感上都虐待我；

第 8 章
不切实际的想法：妈妈没能给我的爱，要在其他地方得到

第二任丈夫是个酒鬼，还有毒瘾；第三任丈夫也是个瘾君子，还是个重罪犯。我忍辱负重，照顾他们，想把事情都做好。我常常觉得自己受够了，却又坚持下去。我会试着给对方留下好印象，溺爱他，希望这样能让他爱我。"

:: 玛姬是位单身的职业妇女："我的恋爱关系好像缺失了感情这种东西。更像是在做生意，而不是情感关系。没有满足感，总觉得对方身上缺点什么，而我在其他地方也许能找到。有时会有种被困住的感觉。我是被依赖型的人，总是照顾别人，但我一直想有个人依赖。"

:: 72岁的迪迪回顾了她的婚姻和孩子。"我学会了被人依赖。我在丈夫和孩子那儿都发现了这一点。如果我做了某件事，你就会更爱我。我觉得自己丧失了大部分个性，而我现在又在找回自我。我丈夫只会因为我为他做了什么而重视我，而不会因为我是什么样的人。我总是那个取悦别人的人，那个和事佬，确保每件事都过得去、没有人不高兴。"

一个女人在发现和认定真实自我以前，如果遇到一个能像她满足他一样、真正满足她需要的男人，是会被吓到的。一个健康的男人不想被人控制，不想被当孩子对待，他也想回报对方的付出，他明白怎样可以相互依赖。被依赖的人需要明白，她的被依赖行为其实是一种为自己的依赖建立的防御机制。她用这种方法来隔离依赖的需要，表明自己强大、有控制力，而且不需要任何人，但事实上，她也需要依赖他人，我们每个人都需要。

面对并接受自身的真相，对被依赖者比对依赖者而言更容易，

因为当被依赖者在篮球场上跑来跑去得分时,她外表看上去更强大、更有能力。谁愿意承认自己内心是喜欢依赖别人的?说"我能照顾别人"难道不比说"我希望有个人能来照顾我"更好听吗?依赖者不会公开承认这种倾向,所以要承认自恋遗传的这一部分,对他们来说更难。但对多数被依赖者而言,当他们意识到被依赖行为是内心未被满足的需要的伪装时,那可真是开了眼界。为了消除痛苦,他们必须以某种方式将自己视为更加强大的人。不过在治疗过程中,被依赖者确实会意识到他们的依赖问题。

依赖型关系

在恋爱关系中,依赖型女儿同样要寻找一个能填补自恋母亲留下的情感空白的伴侣。她的伴侣取代了母亲,在这一关系中,他扮演的是"你能为我做什么"的角色。

恋爱关系会经历不同的阶段。第一个阶段的特点是感觉飘飘然、梦幻般的陶醉。我把它叫作"梦游仙境",这是依赖型女儿的乐园。她找到了一个男人,他照顾她,为她提供她小时候没能得到的所有事物——梦想实现了!刚开始,好像一切都很完美,因为冲突被放在一边,而控制权给了她的伴侣。还能比这更好吗?她小时候没能得到自己所需要的爱,现在,如意郎君将满足她的所有梦想!

不过最后,如意郎君成了冤家对头。依赖型女儿无意识中选了一个男人来照顾她,他很可能成为被依赖型。她会永无止境地要求、嫉妒,不安全感让他窒息。她希望他时时刻刻和她在一起,满足她

第 8 章
不切实际的想法：妈妈没能给我的爱，要在其他地方得到

所有的需要，尤其是情感需要。当他做不到时，她就会生气，就像她妈妈从前那样，而这会让她的伴侣感到迷惑、灰心丧气。女儿重现了和自恋母亲之间的关系，只不过换了个角色，所以她最终也会非常痛苦。她会体验到和儿时一样的失望和空虚，还会责怪伴侣对她不够好。她的特权观念会活跃起来，就像妈妈当年抱怨的一样："如果你爱我，就会为我做这些事，我应该得到这样的待遇。"

:: 莉萨回忆起她早年的时候，那时她有过许多伴侣，却没有真正投入过。"我从不让任何人跟我走得太近。等到31岁结婚的时候，唯一重要的事情是他能为我做什么。当他什么也不能为我做时，我就走开。我不得不采用这种方式，这是我最好的方式。"

:: 44岁的莎拉·乔回忆道："情感空虚在我的恋爱关系中暴露出来。有人对我倾心的时候，我的空虚感就荡然无存，反而有一种度蜜月的感觉；如果没有这样的人，我又会觉得空虚。这种感觉甚至影响了我的身体——我的胸口觉得很沉重。不是心脏病，我已经查过了，我的身体感觉好像有个洞一样。"

:: 30岁的道恩说："我选的都是些不爱我的男人——不付出感情的那一类。我妈妈也是这样。只是在我这里范围更广、数量更大，而我外婆也是这样做的。然后我得努力学会，不要像我的依赖个性要求的那样贪婪。"

虽然我们已经明白了依赖型和被依赖型成年女儿的不同行为模式，但还得知道，你有可能在这两种关系中来回变换，这取决于你当时的情绪状态。你可能在同一段恋爱关系中同时表现出二者，也

可能在不同的男人面前表现出不同的类型。听起来让人困惑，这样说也许更容易理解：自恋母亲的女儿有一些未被满足的需要，所以会表现出某种程度的贪婪。被依赖行为是一种伪装，用来掩盖这种贪婪，显示出力量和能力。如果遇到压力，贪婪会显现出来，于是她看上去就成了依赖型。

独处的人

独处的人有的看起来很健康，有的则不是。作为治疗的一部分，我们通常建议自恋母亲的女儿独自待一段时间，以关注自我，学会怎样满足自己的需要。她也许得暂时放慢生活节奏，来完成这个健康的"独处阶段"。即便她结婚了，或者正在谈恋爱，也要抽出时间独处，了解真正的自我。

然而，有些女儿会觉得自己已经无药可救、不值得被爱，所以永远不能去谈恋爱。她们是不健康的独处者。由于已经有过一系列失败的恋爱经验，她往往已经自暴自弃了。她希望生活中能拥有爱，却认为什么也没法改变，决定从此一个人过算了。她非常害怕再跟别人建立关系，因为她意识到她的"择偶机制"已经被自恋母亲的观念所破坏，这种恐惧使她不再去恋爱关系中寻找自己想要的东西。她避开约会的圈子，非常孤独却还要独自一人，"我不够优秀"的感觉成了她人生的诅咒。

∷ 59岁的玛西亚不相信任何人，只信任自己的狗。"我把生命中最好的时光花在一些不健康的恋爱关系上，就为了得到爱，证明我妈妈错

第 8 章
不切实际的想法：妈妈没能给我的爱，要在其他地方得到

了——想起来我就恼火。等到我的生活全面崩溃时，我才明白自己曾对儿时不健康互动关系的一再重现视而不见。现在我快60岁了，生命已经过去了这么多，而我依然孤身一人。猜猜看怎么了？我居然还是老样子！用其他方式生活太冒险了。"

由于我自己也经历过这样的日子，我知道这个女人需要做的，就是完成自己的治疗。一旦完成，世界会变得更好些。我告诉我的来访者，除非她们先相信自己，相信自己的"择偶机制"，否则她们不可能相信男人。没有自信，相信他人便无从谈起。对这种类型的独处者，坚持下去，让自己恢复健康就是答案。我会教你一些方法，让你重新树立对自己直觉的信心。

另一类独处者在康复后有意识地做了一个决定：这辈子再也不谈恋爱了。她对建立恋爱关系的确不再害怕，而且这是个健康的决定。据我所知，这样做的人不多，但我认识的这样做的人是处在一种自我满足的状态中；她们为自己做了个好决定。谁能说这样做不对呢？即便大多数人不会这样选择，这也有可能是一种健康的方式。

浪漫之后的压力

她不知道怎样爱我，而我也不知道怎样爱你。

——希德·沃克，《YaYa 私密日记》

:: 38岁的萨凡纳回忆道："遇到我丈夫时，我并不让他进入我的情感世界。许多年后，我才感觉到现在拥有的那种对他的爱。我当时并不

用我现在能用的方式去爱他。对我的孩子也是这样。学会这一点需要时间，我曾经对我的猫产生这样的感情，但不是对人。那时我所有的感觉都是麻木的，甚至是美好的感觉。"

简而言之，自恋母亲的女儿在恋爱关系中会遇到一连串严重的问题，包括羞愧，觉得自己不够优秀。一开始，恋爱失败往往是她们来寻求治疗的首要原因：她们不明白自己为什么老是犯同样的错误，还担心自己在择偶上的"愚笨"永远无药可救。你也许知道这种感觉对你、你的姐妹、你的朋友会有多么痛苦。我的许多来访者在刚开始治疗的时候，都处在一种绝望、抑郁的状态，但我总是乐意告诉她们，好消息和希望是存在的。当女儿决定要帮助自己、面对有创伤的童年和个人历史，完成治疗过程（在第三部分中）时，事情就开始发生改变了。学会制止强迫性重复，从母亲那里分离出来，建立独立的自我认知，把自己从破坏性的内化观念中解放出来，这样你就开始了一次新的、健康、乐观的旅程。我的来访者金柏莉是这样描述的：

∷ "我努力解决了童年时期留下的自恋创伤，所以现在和自己、儿子、丈夫、亲人都相处得更加幸福。我已经放弃了以前那种想要得到母亲的爱的愿望。相反，我自己心中充满着爱，这种爱比我所能想象的更加强大。"

我们差不多准备好了，接下来就进入治疗部分，看看金柏莉和其他人是怎样完成这一过程的。但在此之前，我们还得了解一件事：等到我们自己成为母亲时会发生什么。

第 9 章：
救命！我变成我妈妈了：当女儿做了妈妈

> 我一直在祈祷，希望我攒的钱是给孩子上大学用，而不是付他们的心理治疗费。
>
> ——邦妮，38 岁

生孩子的经历会改变人的一生。你的第一个孩子来到这个世上时，你会进入一种叫作"永久父母"的新状态里，从此就一直待在其中。对大多数女人而言，养育一个孩子的经验伴随着令人陶醉的兴奋感和对未来的想象。但对自恋母亲的女儿来说，也有可能被持续不断的恐惧和焦虑所笼罩。

这种恐惧是担心自己会像妈妈一样，让孩子成为情感上的孤儿，或者用其他方式伤害到他们。你担心自己没有能力胜任——不管是因为那种吹毛求疵的观念到哪儿都跟着你，还是因为你知道自己缺乏做一个母亲的必要技巧。也许你还没有完全认可自己的独特个性。不管原因是什么，你的恐惧都是非常真实的。

:: 马蒂来寻求治疗，是因为她对做母亲的理解："对我而言，怀孕是最可怕的事。我没有怀孕或者生小孩的需要，我甚至不确定自己是不是想要小孩。我担心自己会成为一个可怕的母亲，就像我妈妈一样，她在情感上和身体上都在虐待自己。我会像她一样吗？如果我变得像她那么疯狂怎么办？"

:: 对凯莉而言，生养小孩让她回忆起了许多小时候的事。"我妈妈不跟我沟通，我觉得她好像从来都对我视而不见。"凯莉觉得应该给女儿那些她当初没能得到的东西。她告诉我说："我女儿一发出声音，我就会说，'我看到你了，莱西。我看到你了'。"

:: 拉文达说："我第一次怀孕时，非常激动，但也挺担心，我怕照顾不好自己的孩子。我怀孕期间做了很多心理治疗，还想跟妈妈好好谈一谈，但我的治疗师建议我不要这样做。我非常希望妈妈能听听我的看

第9章
救命！我变成我妈妈了：当女儿做了妈妈

法，但我的治疗师让我明白，这种可能性不大。我最担心的是自己也变得自恋。我不想像妈妈对待我那样，让我的孩子感到压抑。"

∷ 米娅年轻的时候觉得非常孤单。"我那时很孤独，很伤心，很空虚，又是吸毒又是酗酒。我会想象有个家的感觉，而且非常渴望能够实现。后来我真的有了自己的家，就不那么空虚了，但我知道填补这种空虚的，是我成了一个自己想要成为的母亲，而不是那个我曾经有过的母亲。"

∷ 西德尼说了这样一个故事："我仍然害怕自己会变得像她那样。我前夫说我有很多地方像我妈妈。有一次，他说我的样子很像妈妈，因为我当时正在抽一支小雪茄，他说，'你像你妈一样虚伪做作'。我再也没碰那些雪茄。我当时脸色苍白，把烟掐灭了。我希望自己在教育子女方面不要再跟妈妈一样了！"

对教育小孩产生担心和害怕是正常的，但这些女人的担忧程度已经超过了大部分准妈妈。当然，我们都努力为自己的孩子着想，谁也不想把自己不好的方面传给下一代。当你自己成了一位母亲，又没有过良好的母亲榜样时，打破这种循环是有难度的。自恋母亲的女儿常会觉得，我们抚养自己的小孩时，好像是在开辟自己的爱的道路。

如果你发现自己在养育孩子的过程中犯了错误，不用惊慌。即便你已经习得或继承了某些自恋的育儿方式，也不用担心。这并不意味着你是个自恋的人。你是有可能改变的。对你和你的家人而言，最好的办法就是允许自己对可能犯下或已经犯下的错误保持警觉，并努力去改正。这章的内容主要就是介绍我们容易犯的那些错误。

警告：物极必反

如果女儿走向另一个极端，做出和母亲完全相反的举动，她很可能会建立起自己极力想要避免的那种互动方式。关键是要找到一个平衡点，使你能在保存自己价值观的情况下，成为一位慈爱的家长。

当我们想要改变一件事时，往往会使用非此即彼的思维方式。如果你想改变自己的易怒脾气和好斗性格，就有可能走向情绪连续体的另一个极端，开始表现得被动、温顺、安静、优柔寡断。容易发怒意味着你压抑自己的情绪，直到它爆发出来；而消极被动、优柔寡断很有可能意味着你同样没有把情绪表达出来。你的目标是折中一些，该表达就表达出来，但做到这一步需要时间。

如果你想做个和自己的妈妈不一样的母亲，记住一点：你最终找到的平衡点，应该是以你的价值和观念为基础的，但事实上也可以包含一些你母亲的观念。比如，也许你会像妈妈一样喜欢家里干干净净，也许你打算继续信仰她信仰的那个宗教派别，也许你像她一样非常相信教育的重要性，但有一点你希望和你的妈妈不一样，就是你想多关心孩子的情感需要。你不能顾此失彼，也不能简单地把每件事推向另一个极端。一旦这样做了，马上就会发现有问题。

比如，如果你有一个事必躬亲的母亲，你可能会决定不要用这样的方式对待孩子，于是走向另一个极端，让孩子在某种程度上觉得被你忽视了。海梅过分注意不要让自己的女儿切尔西感到窒息。

第9章
救命！我变成我妈妈了：当女儿做了妈妈

刚满5岁的切尔西第一天去上幼儿园，就独自在教室里哭了起来。她想让妈妈像其他家长那样，陪她在教室里坐一会儿。海梅却执意不想像她自己的母亲那样过分保护孩子，怀着相当的热情走向了另一个极端。

如果你有过一个心不在焉的母亲，你也许会想多给孩子一些关注，最后又变成了事必躬亲型。罗莎琳发现她简直没法让自己的孩子一个人待着。"我得操心她做的每一件事情，去的每一个地方，因为我非常害怕她觉得我不在乎她，就像我觉得我妈妈不在乎我那样。她12岁时，跟我说我应该去找点事情做，因为她有点烦我了，我这才恍然大悟。"

另一个例子表现在你怎样赞赏自己的孩子。由于从没得到过赞赏和鼓励，你会在孩子身上把这一点做过头。特拉想要创造一种氛围，让女儿能得到肯定，但却发现这实际上很难。"我16岁的女儿有一天突然哭了起来，我赶紧坐到她身边，把我所能想到的她的所有成就都讲了一遍，说她是个多么优秀的孩子。但我说得太过了，她感觉自己像个冒牌货，一心只想讨好我，而她永远也无法成为我所想象的那个她。见鬼，我恐怕是做过头了。我一直想做一个和我妈妈不一样的母亲。"

:: 马琳的妈妈非常严苛，限制孩子们所必需的言论自由、人身自由和选择权。马琳希望对自己的孩子宽大一些，于是他们变得完全没有原则，甚至不能控制自己的行为。"我执意要这样对我的孩子。我想让他们感觉到彻底的自由，不要像我小时候那样备受限制。但不久就发现，这些自由让我的两个女儿陷入了法律纠纷，为超速罚单和事故支付的保险金、汽车修理费,这已经足以让我倾家荡产了。也许我不该走得那么远。"

这可是件棘手的事儿。养育子女并不容易,谁也不能做得尽善尽美,但这些故事向我们表明,当我们以为自己正在避免重蹈覆辙时,我们很容易会掉进另一个陷阱。

流露出自己做得不够好的想法

有时我们确实能找到一个平衡点,而且我们对待孩子的方式也表明了这一点。如果你做到了,怎么肯定自己也不为过。但是,在寻找平衡点的过程中,仍然存在一个陷阱,就是打心眼儿里相信我们自己还不够优秀。如果你怀着这种不健康的信念,就很有可能在你的孩子面前表现出来。你会通过你的行为不由自主地流露出,你觉得自己毫无价值,而他们长大后,也会对自己有同样的感觉。即便你并不真的相信这一点,即便你从来没有用言语表达出来,这种情况也有可能发生。记住,孩子亲眼所见比我们说的话更能影响孩子。如果你表现得像一个没法照顾好自己的女人,或者人际关系不健康,感觉自己不配得到更好的生活,或者并不追求自己的理想,那么当你发现自己的孩子也变成这样时,就千万不要觉得奇怪。同样,如果你建立底线并拥护自己,你的孩子也很有可能这样做。这是努力恢复健康最好的理由。

第9章
救命！我变成我妈妈了：当女儿做了妈妈

你怎样使用"同情心"

许多没有从母亲那里得到同情的女人，也不会知道怎样同情自己的孩子。同情心是养育小孩最重要的技能。没有什么比有人在你需要的时候同情你，更能让你感觉到真实存在、受人关注、被人理解了。

如果在你的家庭背景中，你既没有学会也没能实践这项技能，你就得认真地开发它。谢伊是个喜欢思考、有见识、受过良好教育的女人，她的妈妈是心不在焉型自恋母亲。谢伊现在有4个孩子和一个恩爱的丈夫。一个亲戚自杀后，他们都被吓到了，一起到我办公室里来做家庭治疗，学习健康的沟通方式。那天来的每一个家庭成员都很有信心，但谢尔特别焦虑。她意识到自己童年时对母亲的需要没有得到满足，因而根本不知道怎样在孩子身上使用同情心。谢尔用了好几个月来学习表达同情心的技能。

卡米45岁，她17岁的女儿怀孕了，她来接受治疗，改善同情女儿的能力。她意识到自己并不是一个十分称职的母亲。卡米是个聪慧、有见识的女人，由一个注重形象的自恋母亲抚养大。她发现自己过分担心朋友和亲人的看法。她并不自恋，也意识到了自己的童年问题，但仍然无法改变某些根深蒂固的观念。她和我谈话时，表现出两种性格，一种为女儿的行为感到生气、丢人、耻辱，另一种则人道、慈爱，想要做出明智的决定。她的确做了明智的决定，寻求帮助，解决自己的问题，并学会理解女儿的需要。今天，卡米成了一个非常自豪的外婆，女儿对她的教养能力也有很高的评价。

我的孩子是优等生

我们见过多少这样的标签？而那些"我的孩子有一颗高尚的心""我的孩子很诚实""我的孩子很善良"的标签又在哪儿？我在近年的工作中发现一个严重的问题，就是太多的父母不能或者不愿意面对自己的孩子到底是个什么样的人。作为自恋母亲的女儿，你要对这个大陷阱格外小心。孩子的成就并不是孩子自身。

47岁的艾比在治疗中进入了一个非常为自己的儿子操心的阶段。她儿子是高中橄榄球队的四分卫、荣誉乐团的首席、优等生，而且相貌相当英俊。她最后说，这个好孩子刚被逮捕，作为未成年人被拘留，因为他在周末的湖滨晚会上用枪指着一个同学。艾比去监狱里看他时，他哭着告诉她，他觉得自己在每件事上都必须成功，总想做到最好，这种压力实在太大了。他想证明自己只是个普通人，有时也会犯错误。这类错误有点过了，不过艾比学会了透过儿子的成就，体会他的焦虑和恐惧。

多丽非常担心自己的女儿，因为这个14岁的孩子在商店里偷东西，被逮了个正着："这孩子在音乐领域简直是个明星，怎么可能做出在商店里偷东西这么蠢的事情？她星期五还有一场独奏会，怎么可以呢？"

显然，多丽应该沿着这样的思路去想问题："女儿心里是什么感觉？她觉得自己缺少什么吗？她觉得自己没有价值吗？她这样破坏自己的生活，一定有某种原因。我想知道这是为什么。"在那个时候，要学会同情，多丽还有一段路要走。

第 9 章
救命！我变成我妈妈了：当女儿做了妈妈

那些叫作感受的麻烦事儿

理解人们对真诚的需要一开始并不难，直到有一天你的孩子表现出真实的感受，而你并不喜欢她的表述和感觉。如果她表达出对你的负面情感，这就尤其让人难以接受。在第三部分中，我们会详细谈论允许孩子畅所欲言的问题，不过这里有几个例子，告诉我们如果不允许你的孩子表达自己的真实感受，会给你带来怎样的麻烦。

亚丽克西斯从小就被教导不要关注自己的真实感受，她有两个女儿，现在都染上了毒瘾。她来寻求帮助，却根本没有和女儿们谈过这个问题。我问她有没有尝试解决过吸毒的问题，她告诉我说："哦，没有，我能对她们说什么呢？你以为我真的想知道吗？"

菲奥娜 13 岁的女儿最近告诉她说，自己曾经遭受过性侵犯。女孩以前一直害怕告诉妈妈真相，因为侵犯她的人是个亲戚。菲奥娜来接受治疗，希望不要相信自己的女儿，把这整件事掩盖掉。我和菲奥娜一起努力，帮她认真对待女儿说的话，把事情弄个水落石出。不面对真相真的是很危险的。

我的女儿，我的朋友

你也许在想："我希望女儿成为我的朋友，我渴望这种亲密。我和我妈妈就没有这样的关系。别跟我说这也不对，那什么才是对的呢？"即便你女儿已经长大成人，你还是应该有母亲的样子。你得继续担负起父母的责任，继续提供指导、同情和理解。你女儿却没有义务向你提供这些东西。

简是3个女孩的母亲,她把她的两个大女儿带来接受治疗,因为她们表现出愤怒的迹象,她却不知道为什么。我让简去外面待一会儿,以便我能和她的女儿随便聊聊。简刚离开我的办公室,两个女儿就不约而同对着她的背影做出了表示厌恶的姿势。我那时知道我们处在一场母女关系的严重事故中。我一开始以为,这些女孩也许只是得不到自己想要的手机、汽车、衣服和自由,但根本不是这么回事儿。她们告诉我,简希望她们帮自己克服抑郁,而她们对此相当无奈,觉得很无助。她们说每天放学回家,都得坐在妈妈身边倾听她的悲伤、哭泣和绝望,她们已经烦透了。简有一位身心失调的自恋母亲,所以自己对此并不陌生,但还是在对待自己的孩子时陷入了一种类似的模式,希望孩子来照顾她的情绪。幸运的是,事情很快好转起来,简继续来做心理治疗。不过,大家会从中发现,即便受过教育,即使对问题有所意识,自恋母亲的女儿成年后还是会不知不觉地重蹈覆辙。

要照顾好自己,但不要与世隔绝

学会用一种健康的方式照顾自己,是对自恋母亲的女儿治疗的重点。照顾好自己并不意味着会沉溺于自我,也不意味着对他人的感受视而不见。我见过许多女儿把照顾好自己错误地理解成过分地关注自己,哪怕她们已经有过经验,知道自己母亲那种"一切都要围着妈妈转"的信念是多么有害。

第 9 章
救命！我变成我妈妈了：当女儿做了妈妈

玛尼家里有三个孩子，却认定自己康复的目标不是把必要的时间和注意力花在孩子们身上，而是用华丽的衣服、美妙的旅行和昂贵的珠宝来"照顾好自己"。当她的孩子因为胡闹、触犯了法律而被带来接受治疗时，她自己却在别处的沙滩上晒日光浴。孩子们既生气又觉得奇怪，因为这并不是她一贯的行为方式。玛尼对事情是有认识的，也完成了自己的一些康复任务，但在这一点上，她并不是很清醒。后来的家庭治疗非常有效，因为她一听到孩子们说出自己的感受，就开始真正懂得，该为自己和孩子们做些什么。

照顾好自己，意味着找到成就感，这样你就会对他人怀有热情、爱和同情。找到平衡点意味着明白这并不是一个非此即彼的选择——并不是只有一心想着自己和完全不考虑自己这两种可能。

本书的第三部分会告诉你如何做到这一点。既然已经理解了母性自恋怎样造成母女之间的消极互动，又怎样影响了女儿成年后的生活，我们现在就可以踏上恢复健康之旅了。

第三部分 终结遗传

这是为自恋母亲的女儿量身定制的康复计划。

知道了母亲的行为是怎样对你产生影响的,你现在就能通过下面的步骤,逐渐治愈自己的痛苦了。

- 接受妈妈的缺点,体验因为没有过一个理想的母亲而产生的伤感。
- 在心理上从母亲那儿独立出来,将你从母亲那儿获得的消极观念转变为积极观念。
- 发展并接受自己的个性、体验和欲求。
- 用一种全新的、健康的方式和母亲相处。
- 努力发现自己身上的自恋特质,避免把它们传递给下一代。

在接下来的几个章节中,我将引导你循序渐进完成治疗。在第一部分中,你了解了自恋母亲的小孩会遇到的各种问题。第二部分让你知道这些问题怎样影响了你的成年生活。现在在第三部分中,你会懂得怎样接受自己的过去,怎样让自己尽情体验悲伤,怎样改变你内心的负面观念,重建你的信仰和人生观,改变你的生活。

第 10 章
第一步：感受比外表更重要

> 我希望有一种为悲伤设计的心理健康诊断标准。我没有精神疾病，多数时候我只是很伤感，为我心目中那个极度渴望的母亲形象而心痛。
>
> ——桑尼，39 岁

第 10 章
第一步：感受比外表更重要

在成长过程中，你可能会非常善于否定、麻痹或补偿自己的真实感受，而不允许自己体验到它们。现在你成年了，很可能还是这样。从这一章开始，你将学习逐渐康复。在这儿，我想教会你承认自己的情感，加强你的自我意识。

既然你已经充分了解了自己作为自恋母亲的女儿所经历的情感历程，以及这对你后来人生的不利影响，那么时机已经成熟，你可以开始和过去达成协议，放弃对母亲不现实的期待，掌控自己的生活，让自己康复。现在，你该让自己生活得更平静、更自在些了。

你在这一章中将读到的治疗计划，是我自己治疗时曾经用过的，也给我的许多来访者用过。只要你循序渐进，它也会行之有效，你对周围世界的看法会比以前好得多。不过，有必要提醒一点，就是你不可能完全消除童年留下的创伤。你能做的，是改善自己，学会用新的方式对待它们，让自己感觉好些。

我把我们的人生比作一棵树，有根（养育我们的人），高大、坚实的树干（成长过程），以及成年后伸展叶片、开花结果的树枝。树干（成长过程）上的疤痕无法真正消除，它们是你之所以成为你自己的一个重要部分。但治疗能帮我们处理伤口，提供药膏，使其愈合，带走反复发作的疼痛，改善最初的创伤，允许你在它周围成长、强大、最后脱离它的影响。记住这一点，你就不会丧失信心，受到误导。其实，知道自己永远无法完全消除这些疤痕反倒让人宽慰。承认我们身上曾经发生过的事很重要，因为它们至今还在影响我们。但它们又没有完全决定我们今天的状态，经过努力的治疗后，你拒绝被这些过去的经历所左右。你会接受并面对自己的过去，将其视为自身的一部分，并继续前进（见图 10-1）。

图 10-1 我们的成长和心理发展

我相信,当你接受并承认,你有一个自恋母亲,她伤害了你时,你就开始康复了。然后你会为那种未曾得到的生活和爱而伤心。我会教你怎样接受现实,怎样利用机会让自己好好宣泄一番情绪。如果想了解具体的方法,请接着往下读(见图10-2)。

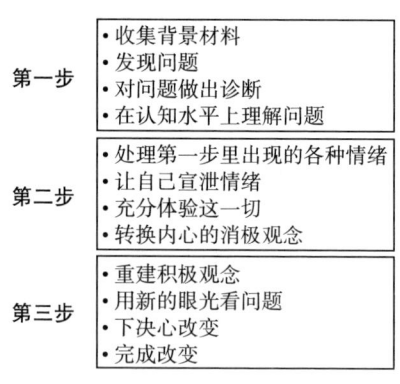

图 10-2 三步康复模型

第 10 章
第一步：感受比外表更重要

康复的三个步骤

康复过程包括三个步骤。第一步是要理解问题所在，对其做出诊断，收集问题产生的背景信息。这一步对生活中可能面临的任何情感或心理问题都是适用的。这也是在治疗一开始，治疗师和你一同努力的目标。你已经完成了第一步——前面的章节就是对问题及其在生活中的表现的介绍。要继续后面的步骤，你必须先完成这种认知或智力上的理解。

第二步，你要对问题带来的相关情感体验进行处理，这就是这一章所要介绍的内容。作为自恋母亲的女儿，你的感受常常得不到承认和确证。本书前面的章节帮你辨识这些感受，现在，该着手处理它们了。

我要告诉你一件很重要的事，这是我在 28 年的治疗师职业生涯中懂得的：大多数人都喜欢跳过第二个阶段——就是现在说的这个阶段。这些女儿更喜欢治疗的第一步和第三步，但会想跳过这最重要、最有效的一步，因为要穿越过去创伤的沼泽，是件十分痛苦的事。这也在情理之中，消除否定和掩饰，让自己直接感受到痛苦，的确很不容易。谁也不想体验痛苦，不是吗？

∷ 31 岁的罗兰在治疗中对我说："为什么重温这一切会让我那么愤怒？我确实吃了大亏。为什么这种事会发生在我身上？当我向你描述心中理想的母亲时，我的心沉了下去。把我的日记读给你听，又让我觉得很受伤、很抓狂。我为什么一声道歉也没有听到？我不想继续治疗了，我只想让这一切赶紧结束！"

∷ 54岁的埃利斯说:"作为一个成年人,我现在才开始学习了解自己的真实感受。我显然没有从妈妈那儿学到这一点。我还能回忆起她的样子,想起她是多么善于控制自己的情绪。她会戴上太阳镜,呈现出一副石头般冰冷的面孔。如果我情绪激动,她会说,'再这样我就扇你耳光了'。"

即便如此,第二步能帮你学会体验这些叫作"情感"的东西。这一点儿也不有趣,但值得一试。当罗兰、埃利斯、我和其他人不再压抑自己的悲伤时,我们开始意识到,自己最终是可以放手的。

在体验情感方面,说和做是完全不一样的。"体验"意味着要谈论创伤,类似于在一场声音刺耳的摇滚音乐会上体验痛苦。你可以不带任何感情色彩地讲一个故事,但这不是"体验"。体验情感是从身体里释放伤痛的唯一方法。举个例子,我可以向你讲述参加我外婆葬礼的事,事无巨细地描绘她的死、丧葬服务、参加葬礼的人、亲戚、牧师、鲜花、送葬,等等,但这是对葬礼和她的去世的谈论,这是对事件的描述。而如果我是在体验这件事,我讲的还是同一个故事,但同时会感觉到失落和悲伤。这是截然不同的场景,当我描述事情的经过和它对我的影响时,你能看到我的眼泪、感受到我的痛苦,而我自己也可以。这一章就希望帮助你体验到这种悲伤。

如果跳过了治疗的第二步,第三步就不会起作用。我相信很多治疗计划之所以不奏效,就是因为人们喜欢跳过中间困难的部分。在学会用健康的方式重新看待自己的处境之前,我们要先清除创伤。

第三步,简单地说,就是"重构",这是一个心理治疗术语,指的是用另一组镜头,或说是一种新的方式,来审视问题。这是治疗

第 10 章
第一步：感受比外表更重要

中比较有趣的部分，你开始用全新的眼光来看待事物，并逐渐摆脱自恋母亲留下的创伤带来的影响。此时你为自己所做的决定，和感觉自己是受害者时完全不同。你开始发现自己的真实感受、价值观和信念。你找到了真实自我，使它能够以自己的方式发挥作用。这就是自由，我希望读到这本书的人都能得到它。

进一步认识治疗

我们现在来详细介绍缺乏母爱的孩子的治疗方式。本书的第三部分将介绍下面 5 个方面的内容，列在此处供您参考：

- 接受你妈妈的缺点，允许自己充分体验悲伤。
- 在心理上从母亲那里独立出来，转变消极观念。
- 建立真实的自我意识。
- 和母亲一起，用一种健康的方式处理你们之间的关系。
- 处理好自己的自恋特质，防止它们传到下一代身上。

就让我们从接受开始吧。

接受母亲的缺点

意识到你自己的母亲可能并没有爱和同情的能力，可能会让人很震惊。以前即便你曾经这样想过，很可能也不愿接受。母亲经常被视作爱、安慰和同情的最可靠来源，而如果你的母亲没有给你这些东西，你很可能不愿意面对自己对这一实际的感受。女儿常会因为母亲没有能力爱她们而指责自己。记得我的一位来访者曾经说："如果我自己的妈妈都不爱我，谁还会爱我呢？"接受母亲的缺点，对女儿来说并不容易。

∷ 25岁的玛蒂娜说："我早就放弃和妈妈建立一种爱的关系了。过去这25年就是证明，但我内心似乎还怀有一线希望，这件事让人很矛盾。当她对我很好，去买职业套装、家里需要的椅子或油漆时，我又会回心转意。我会怀有希望，也许这次，她真的不一样了。"

∷ 许多女儿从来没有放弃过这种希望。32岁的桑迪说："我总想要一个正常的妈妈，一个不会打扮得像个妓女的妈妈，一个不会勾搭你男朋友的妈妈，一个有正常假期的妈妈，一个对我和我男朋友很慈爱、和全家一起去旅行游乐的妈妈，一个不跟我竞争、不会觉得我威胁她地位的妈妈，一个为我的成就和作为感到自豪的妈妈。我非得放弃这种想法吗？"

在你充分体验悲伤前，必须面对自己经历过的一切。不妨这样想：如果一个老师想要教一个3岁的孩子达到大学的阅读水平，他会为自己的失败感到失望、生气甚至羞愧，直到他意识到，自己的学生显然没有能力达到这一目标。多数自恋的人缺乏提供有效、真诚的爱和同情的能力，你只能接受这一现实，别无选择。接受你妈妈能力上的不足是治疗的第一步。我们不应该奢望她们有一天自然会具备这种能力。

我认识的大多数女儿，一生中都经历过许多这样的阶段，那时

第 10 章
第一步：感受比外表更重要

她们不理解这一点，总是希望一觉醒来母亲会变得和原来不一样。这不仅让女儿怀有不切实际的期待，也鼓励她不断地尝试，而尝试的结果，不外乎是更多的悲伤、失望、痛苦、愤怒和恼火。毕竟，我们说的是你妈妈——她是你世界的中心，你对她的爱和需要胜过任何人。我想再次强调，虽然承认这一点很难，但在继续后面的治疗过程之前，你必须做到这一点。

同样要记住的是，自恋是一个连续体，不同的母亲会有不同的自恋水平。如果愿意改变，自恋特质较少的母亲更有希望改变。你的母亲越是接近连续体的另一端，越不可能改变或者寻求治疗，如果是这样，你就更得接受这个事实了。

我的许多来访者都想知道："怎样让自己接受事实呢？"记住一点，你无法改变别人，只能改变你自己。你可以决定自己看待事物的角度，决定自己持有何种观念，但你不能改变你的母亲。也许你想带母亲一起来接受治疗，很多女人也的确是这样做的，有时这种做法值得一试，有时却并非如此。

无论如何，完成治疗的工作全在你自己，也就是女儿的肩上。不要再期待妈妈有一天会改变，会给你应得的爱。放弃这种想法能让你解脱出来，并找到自我。要接受、面对母亲的无能、缺陷和不足给你带来的伤害。开始的这一步让你摆脱了掩饰，强迫你面对真相。这是朝向健康的转变。现在就下决心吧，这样做会帮你恢复进入下一阶段所需的控制力。

如何判断我有没有完全接受母亲的缺陷

要想判断这一步你完成得怎么样，可以问问自己这些问题：

- 我和妈妈说话的时候，还希望她会和平时不一样吗？
- 我还对妈妈怀有种种期待吗？
- 我有没有接受妈妈的本性？
- 我有没有因为放弃对妈妈的期待，而希望其他人来满足我孩子气的需要？
- 在恋爱关系中，我是不是仍然希望自己孩子气的需要得到对方的满足，而没有依靠自己来满足？
- 我是不是在找一个能够代替母亲的男人？
- 我是不是觉得自己的这些需要是完全合理的？
- 我现在是不是大部分需要都靠自己来满足？当有人能来满足我的需要时，我是把这看作额外的福分，还是觉得是自己应得的？

当你成功地完成治疗的这一阶段时，你会意识到，没有谁能真正满足你童年的需要，然后你就会选上面的第8条。你有权获得那种母爱的生命阶段已经过去了。你会为这种失落而悲伤，但也十分清楚，你没法回到过去重获母爱，也不能让现在的某个人来帮你实现。记住，作为一个成年人，你现在已经没有权利得到这些了。你要对自己负责，要负担起自己的需要，找到满足它们的方法。完成了这一点，你就可以进入下一阶段了。

第 10 章
第一步：感受比外表更重要

教会自己悲伤

在情绪出问题之前把它处理好。

——电影《来自边缘的明信片》中的心理辅导员

这一阶段刚开始，你要做出另一个决定：让你的情绪释放出来。我得教会自己做到这一点，尤其当我的情绪是悲伤或愤怒的时候。当我学会了体验情感，有时我会在家休假，送孩子们去学校，关上窗帘，抱着枕头，让自己纵情地哭泣、大叫、打枕头，或做出其他任何可以释放情绪的举动。刚开始，我静静地坐着，好像没有什么情绪要释放，但我知道自己积压了大量的情绪，因为它们会在我最不希望它们表现出来的时候发作。最后，我的泪水开始掉落，甚至从眼睛里涌出。此处的技巧在于顺其自然，去体验你的情感。当别人一直以来教你的都是掩饰、压抑、装聋作哑、视而不见、强颜欢笑的时候，做到这一点尤其不易。

要充分体验这些情绪，充分体验痛苦。要学会掌控随之而来的焦虑和抑郁，这样你就能克服它们了。千万别让自己回避。你周围的人可能会劝你这么做，没有人想看到你受伤的样子，而你爱的人也许并不了解这有多重要，所以别听他们的。让自己充分地体验！如果原来的否定和掩饰又要复发，如果内心批评的声音又开始唠叨，就把它们赶走。告诉你自己，这次你该康复了。

你可能会觉得自己像个懦夫或小孩。直到现在，当我释放情绪时，还是会对自己说："现在做个小孩没什么不好，小孩又甜美又纯真。"你不会永远做一个小孩,我保证。这种状态不会持久,因为你会通过这种特殊的方式超越这个阶段。

也许你会试着运用理性驱除痛苦:"我不至于有这种感觉"或者"事情没那么糟"但这样做于事无补。不管你需要释放的是什么情绪,都释放出来吧。有时为了做到这一点,你必须一个人安安静静地待着。如果你习惯了整日奔波以逃避痛苦,或者用药物或成瘾物来麻痹痛苦,你就会发现,一旦你慢下来,静静坐着,或单独相处的时候,这些情绪就又来了。这一点非常重要,要为释放情绪留出一些单独相处的时间。多做几次,直到你感觉释然为止。

可以多试几种环境,看看哪种最适合你。自己一个人在家,光线黯淡的时候,我能做得最好。有些女性喜欢徒步远行、长跑、爬山、开车兜风,或者坐在咖啡馆里。每个人都不一样,找到自己舒服的方式很重要。最重要的是你允许情绪得到释放。自恋母亲的女儿从小被教育不要释放情绪,她们刚开始注意自己的情绪时,会感觉很糟糕。但她们能做到这一点。

痛苦的几个阶段

伊丽莎白·科布勒-罗斯博士在她的著作《论死亡和弥留》(*On Death and Dying*)中指出,自然的痛苦过程包括 5 个阶段:否定、愤怒、讨价还价、抑郁、接受。在治疗中,我将延续这种说法,但要把"接受"放在首位。在跟母亲的关系上,我们已经在否认和讨价还价里陷了很久,如果没有"接受",我们将无法继续面对自己的真

第 10 章
第一步：感受比外表更重要

实情感。没有"接受"，我们还停留在掩饰和否定里。"接受"之后，我们就能处理好不幸带来的愤怒和抑郁，能从困扰我们一生的痛苦中解脱出来。让我们来看看这种方法起作用的一些例子。

我们的痛苦过程

- **接受**。我们首先必须接受这样的事实，即妈妈能给我们的爱和同情非常有限。如果不接受这一点，就无法让自己从否定中解脱出来，无法学会体验自己的情绪。意识到自身的问题之后，接受是治疗的第一步。
- **否认**。小的时候，我们必须对母亲没有爱和同情的能力这一点予以否认，否则我们没法活下去。小孩子对爱的渴望胜过一切，而我们需要这种否定，以继续生活、成长。
- **讨价还价**。我们一直就自己的一生和"母亲"这个角色讨价还价，有时是在自己心里，有时是跟现实的母亲。我们一直希望她会改变，希望下次我们需要她的时候，她会有所不同。多年来，我们试过各种各样的方法，想要赢得她的爱和赞赏。
- **愤怒**。当我们意识到自己的情感需要没有得到满足，而且这对我们的生活产生了严重的负面影响时，我们非常生气，有时甚至暴怒。我们因为形成了不良的互动模式，陷入困局，而对"妈妈"这个角色，以及我们自己，感到愤怒。
- **抑郁**。当我们不得不放弃对理想母亲的期待时，我们感到非常伤心。我们意识到她永远不会像我们希望的那样爱我们，我们觉得自己像孤儿，像没有母亲的孩子。我们放弃了所有的期待，我们因此而痛苦。

在痛苦的过程中，你有可能在这些阶段里迂回跳跃，时而前进，时而后退。妈妈是个自恋的人，没有给你所需要的爱——在你完全接受这一点之前，不要进入下一个阶段，只有这样你才能顺利地结束痛苦过程。如果你发现自己还没有完全接受，就回到原来的状态，继续努力。这是进入后面阶段的前提。

写 日 记

在治疗阶段记日记，能给你带来极大的帮助。在这份治疗计划中，我会谈到记日记能怎样维持一切正常进行。写日记是一种记录当前情绪的方式，可以帮你进行回顾，检查你的进步。有些女儿喜欢随手写点东西，还有些人更喜欢在电脑上写。我电脑里有一个伤心档案，一天将尽时我都会打开看看。我在里面宣泄了很多需要处理的情绪。把感受记录下来是释放它们的另一种方式，而且记日记能帮你更好地从创伤中解脱出来。不用操心拼写、语法或句子结构，只要把想到的写下来就好。

许多女儿一开始不愿意记日记，因为她们不喜欢写东西，或是害怕被其他人看到。不过我还是要鼓励你写日记，因为这意味着你在认真地讲述自己的治疗。你应该写下来，不断地回顾，监督自己的进步。为了你的健康和幸福，付出这点时间是值得的。你要掌控自己的治疗进度，有意识地处理掉这些伴随你一生的情绪，否则它

第 10 章
第一步：感受比外表更重要

们就会反过来控制你。

为那个自己从未有过的母亲感伤

每个小女孩都应该拥有一个全心爱她的妈妈。如果你没有这样的母亲，你有权因此而感伤。

在释放情绪的同时，要懂得识别它们，并把它们写下来。开始，可以在纸上写下，一个理想的母亲应该是什么样子。想一想你所希望的，以及你在其他人的母亲身上看到的。然后对比一下你想要的和你母亲的真实情况。要直面你所感觉到的失望和痛苦，这在治疗的这一阶段里尤其重要。要发现漏洞，把它写下来，不要有顾虑。

有些女性在描绘自己理想的母亲时这样写道：

:: "我想要这样一个人：我可以呼唤她，向她倾诉，她能理解我，我可以跟她谈我的感受，而她不会说她自己的事。"

:: "我想要一个能跟我交流，真正接受我，为我感到自豪的妈妈。她会对我感兴趣的事情感兴趣，她关心我的想法，认可我，而且不用什么都围着她转。"

:: "我总是希望自己能放下这一切，把真相告诉她，让她对我多些关爱。我想要释放情感，而且希望她在我面前，和我一同感受。我能向她倾诉，请她帮着解决问题，而她不会把事情弄得更糟。她有能力安慰我，保护我。"

∷ "我想要一个对我的生活有所了解的妈妈,而不是一个疏远、无法提供支持的妈妈。我希望她关心自己的外孙,每隔一两年问问我好不好。我真的想要这样的妈妈。"

∷ "我非常想要一个会处理情感问题、内心坚强的母亲。她能让我发展真实自我,而不期望我成为她的展示品。如果她能有点同情心、会安慰人就太好了,这一点我在妈妈身上想都不敢想。"

虽然大部分女儿因为没能得到母爱而伤心,她们内心却有一种童年时期就建立起来的信念,即她们不值得被母亲所爱。但事实恰好相反!如果你没有得到这种爱,你应该承认这一点,承认你的情感发展因此而有了一个漏洞。直面这种痛苦,对发展你目前的自我意识非常重要。我不是说你要永远因此而悲伤,但你要承认它、面对它、允许自己体验它给你带来的痛苦。我们会超越这个痛苦的阶段,你不会把你的后半生都耗费在这里。

当你进行这一阶段的康复时,不要听取他人的建议。善意的朋友和爱人常常会说:"忘了它吧""你无法从头来过——不要再试了""过去的事就别想了,活在当下吧"之类的话。你最亲密的人(也许有些其实没那么亲密)会劝你不要再继续努力了,因为他们不理解这有多重要。他们不想看你受罪,所以不想让你继续。他们不知道如果你不面对这些痛苦,它们就会永远成为你的一部分,所以不要听这些不高明的建议。这就是为什么现在许多人会守护自己的情绪,行为失当,给自己和他人带来危险,遭受抑郁和焦虑的折磨,无法对自己的行为和情绪负责——因为他们没有面对关于自身的痛

第 10 章
第一步:感受比外表更重要

苦真相。我告诉你的,是完成治疗过程第三阶段的关键技巧,它既来源于个人阅历,也来自于职业经验,因而行之有效。如果你由于害怕或者听了别人的意见而忽视这一步,治疗计划就不会再奏效。这一步,是治疗过程最重要的一步。

有时,孩子比成人更懂得释放情绪的必要。就在我撰写这一章时,朋友给我讲了一个 4 岁孩子的故事,这个孩子明白的事情,许多成年人却已经忘了。

::这孩子的隔壁邻居是一位上了年纪的绅士,刚刚失去自己的妻子。小男孩看见他在哭,就跑进他院子里,静静地坐在那儿。他妈妈后来问他和邻居说了什么,小男孩答道:"我什么也没说,我只是帮着他哭。"

你释放的情绪也许会以伤心、生气甚至愤怒的形式表现出来。对这些情绪,除了写下来什么也别做。不要对自己和他人的生活造成破坏,但要让自己充分感受这些情绪。要释放情绪,直到你再也受不了为止。我知道当我对自己感到恶心时,会停止释放情绪。最终,你会感觉自己从一个每天都带着沉重的行李东奔西跑的人,变成一个行李很少的旅行者,身心倍感轻松。

预料中的内疚感

内疚感会抬起它丑陋的头颅。我们的文化告诉我们:"乖女孩不会讨厌自己的母亲。"所以当你体验到愤怒和悲伤时,你也会体验到内疚。就目前而言,不用对内疚感太在意。在我为自恋母亲的女儿做的几乎每一次访谈和治疗中，女儿们都会提到，当她说母亲的不好时，感觉有多糟糕。这是一种你必须超越的文化禁忌。我并不是提倡讨厌自己的母亲，或者对她表达自己的愤怒。如果你允许自己体验到愤怒，这种愤怒是不会持久的。在你克服失落感和沮丧感之前，你必须先面对它们。你的目标是超越自责，在自己内心达到深层次的理解和平静，这也会让你和母亲和平相处。

∷ 62岁的玛莎告诉我："在做这次访谈之前，我有过强烈的内疚感。我妈妈最喜欢说的话就是'家丑不能外扬'，如果她知道我跟别人议论她，会大惊失色，满腔怒火。"

为你从未能成为过的那个孩子而痛苦

下面这个部分的痛苦对象，是由于你很早开始就得照顾妈妈，甚至照顾整个家，而未能成为的那个孩子。

想想看，如果你以前是个正常的小孩，这个小孩会做些什么？想象你现在在做这些事，把这些事写下来，再来看看你错过了什么。不要克制自己的情绪，充分地去体验。如果你会画画，再画几张表现你做这些事情的图画。也许作为一个成年人，你现在还是可以做这些事情，这一点我们将在第12章中谈到。

我在自己的治疗过程第一次经历这个阶段时，做了一种如今经常让我的来访者做的练习。等孩子们都上床睡觉以后，我会躺在一把摇椅里，轻轻摇晃，闭上眼睛，把自己想象成一个小孩子。我仿佛看见一个小女孩，梳着长长的淡黄色发辫，穿着红色的牛仔靴。

第10章
第一步：感受比外表更重要

然后我张开双臂，唤她过来，问她需要我为她做什么。她第一次出现时，显得很悲伤，跺着脚，穿着红靴子，很生气，狠狠地甩着辫子。但她和我交谈的时候，我意识到我现在必须照顾好她，也明白了她作为一个孩子，究竟失去了什么。我们会在躺椅里相拥而泣。我花了不少时间，反复做这个练习。如果你请你内心的孩子过来，她也会跟你交谈。你可以把每次发生的互动写在日记里。

另一个跟你内心的小孩建立有效联系的技术，我称为"玩偶疗法"。去商店里买一个长得像3～8岁时的你的洋娃娃，要找一个你喜欢的，把她带回家，跟她说话。得把她放在床上、化妆台上或是沙发上，这样，她就总是在显眼的地方提醒你她需要你。问问她，她错过了什么，她需要你为她做什么。把你心里的想法写下来，以免在忙碌的日常生活中渐渐遗忘。你可以对写下的东西进行回顾，以明确自己还需要释放哪些情绪，以及怎样满足自己儿时未能满足的需要。

随着这一过程的深入，你要允许那个孩子或洋娃娃以不同的年龄跟你交谈。让她进入青春期，甚至长到18岁。在艰难的青春期，对母亲能提供帮助的强烈渴望，往往还深深烙印在许多女儿的记忆中。如果你的记忆继续前行，进入到20几岁甚或成年时期，你要跟上它。如果你给自己一个安静的环境，一点时间，你需要处理的情绪就会浮出水面。

在治疗的这一阶段，寻求治疗师的帮助是可以的，不过首先要独立接受此处的建议，因为这些建议在我对其他女性的治疗中很有帮助。但如果你卡住了，什么也没发生，那么寻求专家的帮助就能改变困局。你应该找的,也许是个专业的心理健康辅导师,而且懂得一种叫作 EMDR 的技术,这是一种对处理情绪尤其有用的专业疗法。总之,这是一种专为应对心理创伤、对相关情绪进行脱敏而设计的治疗。我和我的来访者已经用了许多年,可以证明它的有效性,它的效果比简单的谈话治疗要快得多。

一位好的治疗师,应该拥有合适的学位证明,而且你可以亲自和他建立联系——这是治疗成功的关键之一。对于本书所谈论的这一类治疗,我甚至建议你找一位年龄比自己大的女性治疗师,如果这位治疗师自己身为人母甚至是祖母,更会有所助益。这并不是绝对的,但对建立信任和情感共鸣很有好处。

不过,对自恋母亲的女儿来说,治疗的第一阶段最重要的一方面则是,要在进入后面的章节和治疗之前,尽可能依靠自己的力量完成接受和情感释放。如果你没有完成,后面的治疗阶段就没法"开始"。你想要的,是一种真实的、持久的康复。如果你觉得已经掌握了接受和释放情感的要领,就可以开始后面的章节了;但如果你发现它们对你不起作用,就回到第一步,再试一遍。在你用情感和精神装点这个家之前,你应该,而且必须先把它打扫干净!

:: 44 岁的露告诉我:"麦克布莱德医生,我得向你承认,我很讨厌治疗的这个阶段,不过,它确实值得一试。我不断尝试你告诉我的治疗的其余部分,但一点用也没有,直到我停下来,体验到了这种糟糕的感觉。"

:: 米尼说:"我从来不觉得自己是个脾气不好,爱生气的人。我总

第 10 章
第一步：感受比外表更重要

觉得发火意味着自己很恶毒，所以像逃避瘟疫一样避免它。治疗的这个阶段对我来说很不容易，尤其是体验情绪的阶段。我可以就自己的妈妈侃侃而谈，但我从来不愿意承认，她如此深地伤害过我。这就好像她又胜利了，而我再一次成了受害者。我现在懂得，必须先成为这个暴怒、恶毒的受害者，才可能超越这个阶段。"

超越这个阶段后，你就能开始自我成长和进步。如果你准备好了，就跟我一起继续进入下一章吧。

第 11 章:
亲近与独立:从母亲身边独立出来

> 如果每个人都会变得像自己的妈妈一样,那大家还计较什么呢?
>
> ——伊丽莎白·斯特劳特,《艾米和伊莎贝尔》

第 11 章
亲近与独立：从母亲身边独立出来

对自恋母亲的女儿来说，治疗的最终目的，是成为一个真诚的、完整的人。提供给你的下一个建议，就是要在心理上从母亲那里独立出来，成为一个成年人，从而发展自己内心的情感部分。因为一旦你的内部情感存在得到发展，你就能变得刚健自强。你可以不依赖他人，能够承受被剥夺了母爱的事实，能够容忍你妈妈嘴里难听的抱怨，也能忍受其他任何人的指责。你会成为一个既能待在母亲身边，又能跟她保持距离的人，而在这两种情况下，你都能保持自身的独立性。有了这种能力，你就能和某人既亲近又独立，同时保持着一种完整的自我意识。

为什么心理上从母亲那里独立出来对你的心理健康很重要

当小孩 2 岁大，开始说"不"和"我的"的时候，个性化过程，作为个体发展的常规部分，就开始了。这一过程随着孩子逐渐成熟、发展出自己的爱好、需要和欲望、从容不迫地从父母那里独立出来、形成健康的自我意识，贯穿人的一生。正常的父母，会允许这一过程有条不紊地、自然地发生。

但对自恋母亲的孩子来说，个性化的过程受到了阻碍，妈妈不是管得太多，就是完全忽视他们。被忽视的孩子的情感需要得不到满足，无法发展个性、并成为独立的人，因为她一直试着用想象中妈妈的爱来填补自己的空虚。她尝试像一个小婴儿一样和妈妈黏在一起，努力博得妈妈的赞赏和关注。被管得太多的孩子，则没有学会把自己看成一个独立于妈妈的个体，没有发展出自己的需要、欲望、想法和情感。这两类女儿的情感需要都没有得到满足,在发展自我意识方面都有困难。如果你已经努力对自己的生活和情感进行过控制,或者你无法享受自己的成功,那么,就像大部分自恋母亲的女儿那样,你还在挣扎着独立出来。也许你现在还处在找寻自我、让自己完善的过程中。

多年来,每当我感觉无能为力时,就喜欢对自己说:"我还小,这对我来说太难了。"我发现每当我面对一个大项目,或者不得不做出一个重大决定时,就会这样对自己说。有一天,我突然明白,这是对一种更加深刻的事实的无意识表达。在一次治疗中,当我正在处理分手后的情绪时,我那不知情的治疗师问,为什么我还要住在和前男友共同生活过的房子里?那所房子一个人住太大了,为什么我不搬走,找一个小点的、更方便的,而且是"属于自己"的家呢?记得我当时懵了一下,好像麻木了,答道:"我还小,没法搬家。"我的治疗师眼睛一亮,笑了。我立即戒备起来,还有点生气,他温柔地解释说:"这就是问题所在。"

我确实感觉到自己"太小了"。如果你还没有从母亲那里独立出来,那么你的个性发展还不完全,情感是不成熟的,你想成为一个完整的人,但你只是"半个人"。如果你的情感自我受到了阻碍,它就不会跟你的生理自我、智力自我、灵性自我保持同样的发展步伐。想要变得完整,必须解决这个问题。

多年以前,压力大的时候,我会无意识地重复:"哦,妈妈呀。"感谢上帝这种冲动现在已经没有了,但我还记得当时有多么孩子气,好像自己成了孤儿一样。如今,写下这些事,我不禁对自己微笑,

第 11 章
亲近与独立：从母亲身边独立出来

因为我能够承认这件事，而且对自己超越了这个阶段心怀感激。

从母亲和童年那里独立出来的一方面，是让自己从消极的自我暗示中摆脱出来，比如："我做得不够好。""我不值得被爱。""我没法信任自己。"由于这些观点被你内化了，它们现在在对你产生的作用，就像以前妈妈在你耳边唠叨一样。你应该下决心不要让这些观点浮现，把它们挡住，克服它们。这样做，你就能以一种健康的方式，从你那不称职的母亲和她那自我挫败的观念中独立出来。你会把自己当作一个独立的女人看待。

:: 35 岁的格雷西痛苦地坦陈自己为了独立而经历的挣扎："我花了很长时间才成为一个独立于母亲的个体。她跟我简直是一体，所有的事情都跟她有关——我们之间一点距离也没有。"

:: 玛丽安妮想和自己的家人更亲密些，但仍需要维持来之不易的自我意识："一开始，在建立自我意识方面，我似乎做得挺好，但当我再次靠近妈妈和整个家的时候，就好像又被塞进以前扮演的那个角色里。待在他们身边时，我尤其想要成为一个独立的我。"

独立到底意味着什么

心理学文献对个性独立的解释，是确立一种自我意识，并与他人有所区别。要成长成为一个完整的人，每个人都必须经历从家庭或传统那里独立的过程。心理上的独立是一个内在过程，和物理上有没有跟母亲、家庭分开毫无关系。根据著名家庭治疗师默里·鲍恩的说法，一个成年人可以借助下面三个方面来判断自己在个性独立的道路上走了多远：第一，家庭中的互动引发的情绪反应更少了；第二，在审视家庭互动的时候更加客观了；第三，对成长过程中视而不见的"神话、形象、歪曲和不协调关系"更加敏感了。在结束了前一章所说的接受和情感释放疗程后，你就能成功地完成这些步骤，正如鲍恩所说的：

::成为一个观察者，并控制自己情绪反应的能力，对解决生活中各种各样的情感问题都有帮助。如果一个人明白，他在任何时候都能从场景中退出，不急于做出反应，而对情景做出仔细观察，以助于对自己和事件进行控制，那么大多数时候他都能过好自己的生活，对外界做出合适的、自然的情绪反应。

怎样摆脱以母亲为中心的状态

把自己从围着母亲转的状态中解脱出来，是真正掌控自己的生活、发展自己个性的唯一方法。在进行这一阶段的治疗时，我会建议来访者采取三个步骤：第一，弄明白母亲是怎样把自己的感情投射到你身上的；第二，理解并解决妈妈和其他人的嫉妒；第三，消除内化的负面观念。现在，让我们一起来详细了解这些步骤。

投射

投射是一种过程，通过这一过程，一个人把她自己的情绪看作

第 11 章
亲近与独立：从母亲身边独立出来

是从其他人那里来的，相信对方确实有这样的情绪。当一个人不是在解决自己的痛苦和心理矛盾，反而因为自己的焦虑指责他人的时候，他就是在投射。女儿往往是自恋母亲投射行为的替罪羊，这种投射包括对脆弱和自我怨恨的投射。女儿并不理解这种怨恨，反而将其内化，觉得自己做得不够好，甚至很糟。女儿体验到这一点的时候还很小，所以这在她看来既正常又真实。

处理母亲的嫉妒

自恋母亲的女儿经常能感觉到母亲的嫉妒。现在该是发现这种嫉妒，理解它的时候了。许多人觉得被人嫉妒，是一种值得拥有的、让自己感觉很强大的体验，但在现实中，被人嫉妒，尤其是被自己的妈妈嫉妒，是非常可怕、恼人的。鄙视和指责破坏了女儿的自我意识，她的好意被人质疑、误解，或者不当回事儿，这让她觉得"自己已经不被别人当人看了"。她经分析后觉得，母亲嫉妒的是她的长相、成就、物质财富、体重、性格、朋友、丈夫或男朋友，或者和父亲、兄弟之间的关系，于是她觉得自己一文不值。母亲对女儿产生这样的负面情感，对女儿来说是难以理解的，所以她相信问题出在自己身上。

女儿通常很难接受自己被母亲嫉妒这一事实，也很难公开谈论这件事。我相信这是因为她们不希望别人觉得她们很自大、想象别人嫉妒自己。我们可以谈论自己对某个人或某件事的嫉妒，但跟别人说我们觉得谁在嫉妒自己，听起来就很自大，不是么？自恋母亲的女儿通常看不到自己身上的优势，不明白别人嫉妒自己什么，反而觉得自己又做错了什么。不过，对你而言，这种嫉妒非常真实，尤其当你回想起妈妈对你和你做的事进行的一些评论、指责和判断。以前你也许试过理解这些话，但现在，重要的是，你把所有觉得像是嫉妒的话都写下来。回顾日记里的这些白纸黑字，能帮你意识到自己扭曲的观念，这些观念曾经在你心里制造了非常不快的感觉。

如果你因这些话而指责自己，想要改变这种所谓的"别人对你的误会"，你的努力肯定会付诸东流，因为要改变自恋的人对嫉妒的扭曲感知，是不可能的。嫉妒会暂时让没有安全感的母亲对自己的感觉好些。当她嫉妒你、指责你、贬低你的时候，她就把你从她的生活中抹掉了，从而减少了对她脆弱自尊的威胁。在自恋者的戏份里，嫉妒是非常有效的道具，这一点，你也许已经在妈妈和其他人的关系中见识过了。不过当她用在你身上时，它创造了一种绝望、痛苦的自我怀疑感。

为了让自己从困惑中解脱出来，客观地认清嫉妒，你必须先发现自己的善意和力量。不要因丑恶而苦恼，也不要以牙还牙。你所遭受的这些嫉妒并不属于你，用不着当真。你可以面对事实，体验伤害和悲痛，但是不要反击、不要报复，要坚守住内心的善良。我治疗过的大部分女儿都不是报复心强的人，所以很可能你也不是。自恋母亲的女儿们提到，最喜欢的童话故事是《灰姑娘》，这似乎不足为奇。

清除消极观念

要消除消极观念，首先要想想自己平时是怎样做决策的。你是

第 11 章
亲近与独立：从母亲身边独立出来

基于自己认为真实的信息做出选择吗？你有可靠的信息来源吗？你的经验能否确定，给你提供信息的这个人是值得信赖的？他能给你提供建议或帮助吗？你和这个人是不是相处得不错？你是不是一直相信他的看法、信息和知识？这个人是不是常常能够尊重你，关心你的感受？对这些问题，我想大部分你都会回答"是"。

那么我再问你，如果那些内化的观念是来自一个对你不真诚、不爱你、不同情你的人，一个无法跟你建立亲密的情感关系的人，一个对自己的情绪毫无察觉、却把自己的感受投射到你身上的人，一个嫉妒你的人，你还有必要一直像小时候那样相信这些观念吗？要考虑一下信息的来源。当你用笔写下或者在电脑上记下这些消极观念时，要提醒自己这一点。多写一些，同时写一写为什么这些观念是错的。这样做的时候，也是在重新定义你对自己的看法。比如说，你做得还不够好，这是真的吗？这是谁说的？你只需要对自己足够好就可以了！

一旦发现了消极观念，做出反驳，指出它们的错误，你的下一个任务就是，当下次消极观念再浮现在脑海中时，记得做这样的练习。这样，你就能消除那些老的观念，并让头脑里出现新的观念。坚持练习会让你得到回报。

虽然这一阶段的治疗方法可以奏效，但如果你在清除消极观念上遇到了困难，需要额外的帮助，可以再次借助 EMDR 法。你可以把负面观念告诉你的治疗师，他很可能会建议你对跟这些观念相关的创伤记忆做一次 EMDR 治疗。

母爱的羁绊

独立的标准

怎么判断自己的真实自我已经发展起来,并从母亲那里独立出来了呢?怎样知道自己已经成功地摆脱了母爱的功能失调,而且真的变得坚定、强大、有能力呢?詹姆斯·马斯特森在《寻找真实自我》中描述了真实自我所拥有的几种关键能力。我在此处转述如下:

∷ 能够带着活力、享受、兴奋和自发性,去深刻地体验各种感受。你允许自己体验真实的感受,不压抑人类的任何正常情绪。你也允许自己通过适当的方式表达这些感受。

∷ 能够期待获得适当的肯定。你相信自己,不再为自我怀疑的焦虑感所笼罩,所以当你值得肯定时,你就会肯定自己。

∷ 有自我激励和坚持主见的能力。你能发现自己的梦想和欲求,能够行动起来,努力去实现,同时相信自己可以做到。

∷ 建立起自尊心。现在你相信自己是有价值的,不管他人是不是欣赏你,你都不怀疑这一点。

∷ 减轻痛苦的能力。当生活中出现令人不快的情形,你能安慰自己,不沉溺在悲伤中,而且可以找到处理方法。

∷ 有能力做出承诺,并说到做到。当一个决定是正确的时候,你能坚持自己的原则,克服困难、批评和挫折。

∷ 有创造能力。你能找到解决问题的方法,足智多谋,能减少消极

第11章
亲近与独立：从母亲身边独立出来

观念，用积极观念取代之。

∷ 有亲密能力。在和另一个人建立的亲密关系中，你能进行完全而真诚的自我表达，建立一种亲密的情感关系，而不必担心被对方抛弃或者丧失自我。

∷ 独处的能力。你能享受独处的时间，并在其中发现乐趣。

∷ 维持自我延续性的能力。你的内在本质是真实的，并且在人生的考验和磨难，以及岁月的变迁中保持一致性。

你也许在想：听上去不错，但我永远做不到！下面的几章就会教你怎样做到这些。不过你要记住，治疗是一项持续终身的工作，不能一蹴而就。下面这些故事，讲的是一些成功从母亲那里独立出来的女性，相信这些事例能给人以信心。

∷ "在开始治疗之前，我从来不理解什么叫作'独立过程'。现在，我可以观察她，同时又保持自身的独立。这对我来说有非常重要的意义。"（艾琳，40岁）。

∷ "认识嫉妒的这一部分，对我来说是非常大的进步。妈妈、姐妹和其他女性朋友都嫉妒过我，而我不得不对自己的善举和成就保持相当的低调，因为我不想让她们不高兴——这一直是我生活中一件非常痛苦的事。现在我明白了，这和我没有任何关系，现在我会为自己感到骄傲，给自己肯定了。这对我心中的信念非常重要，我以前总是自我贬低，以获得别人的认可，现在，只要顺其自然就行了。"（安娜贝尔，34岁）。

∷ "我以前总觉得,如果我犯了错,妈妈更愿意接受我。如果我做得不错,她总会说些不好听的话,要么对我评头论足,说我自大。这对我的伤害非常深。现在,她说什么再也不要紧了。我努力让自己从她那儿独立出来,因为我现在知道,她不再是我评价自己时值得参考的信息来源了,事情终于像个样子了。"(克洛伊,62岁)。

∷ 霍莉的妈妈是位牧师,霍莉一直觉得压力很大,事不如意,因为她长大后,没有信仰家人所信仰的宗教。"完成治疗后,我发现,当妈妈在来信中引用经文,告诉我该怎样做一个好妻子时,我再也不会冥思苦想好几天,最后变得心烦意乱了。我能接受她对自己信仰的坚持,也能接受自己关于灵性和生活方式的独特信念。感觉好像非常中立,似乎我能控制自己的生活了。"

∷ "以前,我和妈妈通过电话之后,会哭上好几天。她总想让我知道,我永远没法把事情做好,而我太当真了。现在我明白,她不是一个靠得住的信息来源。她有一些很严重的问题,而且经常会把这些问题强加给我。我仍然觉得这一点让人伤心、不快,但我再也不会当真了。"(乔丝特,39岁)

让我们继续下一章,进而把更多注意力,聚焦在作为一个优秀女人的你和你的独特品质上。

第 12 章：
做一个本真的女人：命中注定的女儿

> 在自己身上找到幸福并不容易，但在别的地方找到幸福则是根本不可能的。
>
> ——阿格尼丝·里普利厄，《百宝箱》

多年来，你被迫成为妈妈希望你成为的样子——不管是外貌、举止，还是信仰、价值观。现在，应该关注的是你希望自己成为什么样的人。不要再屈从于妈妈的愿望、按她的想象来塑造自己，不要再为了取悦母亲而放弃自我成长，不要再假装稚嫩、强颜欢笑。

为了顺利完成我在本章中介绍的有趣任务，我希望你先考虑两个严肃的问题。

- 怎样树立并强化你的"内在母亲"形象？
- 怎样理解并控制"精神崩溃"？

下面，我们会依次介绍这些概念，并讨论你所需要的治疗方式。

内 在 母 亲

"内在母亲"可以理解为你自己的母性本能。来自直觉的声音会跟你说话，想要照顾你、爱你，做你的妈妈。过去，你不得不放弃让真实的妈妈满足你需要的想法，现在，你可以依靠"内在母亲"，有了她，你就可以自己照顾自己了。

第一次面对自己照顾自己的想法时，许多女儿又伤心又愤怒，不过当她们意识到并接受了这些情绪，就能超越它们，获得一种内在的力量感。

要让内在母亲得到成长，首先必须允许她的存在。你要允许她善意的、母性的声音在你心中回响，要允许自己倾听它。首先，你独自一人的时候，找一个安静、温馨的疗伤之所，比如浴缸、房间、

第 12 章
做一个本真的女人：命中注定的女儿

办公室，或者去散个步。选一个适合自己的地方，试着创造一种不会被打扰的氛围。试过几次后，不管在什么地方，即便中途被打扰，你也能顺利完成。但刚开始的时候，要选择绝对安静的地方，把注意力集中在自己身上，还要把日记本、手写板和铅笔放在身边。

你的第一个任务，是列一张"我怎样"的清单。为了完成这项工作，有必要允许你的内在母亲和你一起回顾你的许多不可思议的优点和个性。请用与下面这些例子相似的方式写下来：

"我强壮、聪明、有智慧、仁慈、乐于助人、有同情心、勤奋、充满活力、有创意、敏感、诚实，我是个正直的人，我有才华，会照顾人，有责任感，我有灵气，慧美双修，身体健康。"

下一个任务，是排除消极观念，比如"我什么优点也没有"。在内心深处，你知道自己是有优点的，一经你允许，你的内在母亲会帮你确认积极自我的存在。如果消极的想法顽固不化，这就是一个警告，意味着你还有其他情绪和痛苦需要释放，而你必须回到最早的步骤从头开始。就像前面说到的，除非你的情绪得到了适当的处理，否则重新肯定自我的观念就不会"稳固"。

"我怎样"的清单是你和内在母亲相处的出发点。练习和她待在一起，多和她说话，让她安慰你。我总是对我的来访者说，要像对待一个两岁的小孩那样对待自己，要温柔、慈爱、体贴、善解人意。你值得这样的对待。当你不知所措的时候，问问自己，你的母性自我会怎样对待一个有着同样情绪或矛盾的小孩，然后照着做。当我想到两岁的小孩时，我想到的是把他们抱起来，给他们大量的爱和关注。你的母性本能肯定也是一样的。

当你练习和内在母亲沟通时,她会开始成长、壮大。你会发现一个由"主我"(I)、"客我"(me)和"自我"(myself)组成的"委员会",由内在母亲所领导。我发现,一个人进行练习、让内在母亲强大起来,总是会在她不知道该怎么办、想向他人寻求帮助和建议的时候。这是转向内在,在"母性委员会"那里寻求直觉答案和安慰的绝佳时机。你和这个委员会沟通越多,就会变得越强大,越自信。这位母亲是永远不会抛弃你的。

当你体验到所谓的"精神崩溃"时,会尤其需要内在母亲的帮助。

精 神 崩 溃

在真正的自恋中,自恋的人常常会体验到一种所谓的"自恋性的伤害"。根据《精神疾病诊断与统计手册》(DSM):

::脆弱的自尊会使得有自恋人格障碍的个体对批评和挫败带来的"伤害"非常敏感。虽然他们可能不会表现出来,但批评会久久笼罩在他们心头,让他们觉得受到了侮辱,十分失落。他们有可能通过蔑视、暴怒或挑衅来进行反击。

我所了解的那些有这种受伤反应的自恋者,往往花了很长时间才克服这一问题;他们心怀怨愤,想要报复那些他们认为伤害过自己的人;他们伺机寻仇,给攻击过他们的人制造麻烦,而且好像永远不会忘记、原谅。我所治疗过的大多数自恋母亲的女儿都有类似

第 12 章
做一个本真的女人：命中注定的女儿

的体验，不过程度轻得多，我把这叫作"精神崩溃"。她们觉得似乎自尊的气球刚刚爆裂，自尊全跑光了，她们需要一点时间恢复，把气球重新吹起来。这和自恋性的伤害不一样，持续时间并不长，她们能够原谅或者忘记，也不会长期被这种状态所笼罩，不会长时间觉得受到侮辱。通常情况下，她也不会以牙还牙、讨回公道、伤害别人。这种"精神崩溃"，是由于儿时或成年后被自恋的母亲所侮辱、挫败，内心过于敏感造成的。这种状态在治疗过程中出现时，当事人仿佛暂时退化到童年时代，旧有的记忆让她觉得当前的状况比实际上要严重得多。这种"多米诺效应"导致了内心的"精神崩溃"感，也可以将其视为创伤后应激障碍（PTSD）的一个结果。《精神疾病诊断与统计手册》(DSM)就此做出了进一步的解释：

:: 当事人以下面的一种或多种方式，不断地重新体验创伤事件……内部或外部的线索象征或模仿了创伤事件的某个方面，暴露在这样的线索下，会给当事人带来极大的精神痛苦……还会带来强烈的心理反应。

这意味着，当一些事情让女儿回忆起早期的心理创伤时，她会感到"精神崩溃"。此时，女儿最希望能够得到外部确认，找个人来帮助她，而她也会表现出来。你可以用另一种方式来处理这种状况——不要表现出来，而是去你的内在母亲那里寻求支持和安慰。

女儿虽然不知道什么叫"精神崩溃"，但经常会说起这种状态。费莉希蒂告诉我说：

:: 不久前，来我家的一位客人说，他想让他的一位雇员路过我家时，顺便来做一项核查工作。我觉得有点奇怪，但也没什么不方便的。他的雇员确实来了，我邀请她进家来，短暂地聊了会儿，给了她一杯饮料。我们以前从没见过面。过了10分钟，她要走了，我送她到门口，说认识她很高兴。她答道："虽然你有点不对劲，不过认识你我也很高兴。"我懵了，一个不认识我的人居然会做出这么不合时宜的评论。直觉告诉我，这是她的问题，但我还是觉得仿佛有人在我肚子上打了一拳，这种感觉居然持续了一整天！麦克布莱德医生，为什么一个陌生人的一句不识趣的话会对我产生这么大的影响呢？

费莉希蒂想起了过去和母亲在一起的日子，那时她努力想表现得优秀、讨人喜欢、把事情做好，做个善良、有礼貌的人，不过最终她被挫败了，因为她做得永远不够好。这次多米诺效应（或是精神崩溃）把她带回到从前的创伤中，不过她的解决办法是来找我（她的治疗师和朋友）倾诉。在这个案例中，她先寻求的是外部支持，不过她最终学会了依靠自己的力量来处理类似的情况，而这也意味着她在康复。

既然你已经知道什么是"精神崩溃"，下次它发生在你身上时你就能有所准备了。注意一下你在一周后的反应；要持续记录一轮"精神崩溃"会在你身上出现多少次。随着自我意识的增加，你的力量也会逐渐增强，你是有能力控制局面的。

克莉丝蒂描述了另一个"精神崩溃"的例子：

:: 我在我朋友家门口停下，想问问她能不能在我去办事的几个小时里帮我照看小孩。我们经常帮对方看小孩，已经很顺手了。不过这一次，

第 12 章
做一个本真的女人：命中注定的女儿

我朋友贝丝问我要去多久，因为她得去洗衣店。就是这样，她只想知道一个具体的时间，问了个简单的问题，但我立刻以为她在暗示我给她带来了额外的负担，她不想帮我。

在克莉丝蒂的例子中，朋友确认一个具体时间本来没有什么问题，尽管这个问题没什么不合适，却唤起了克莉丝蒂被自己母亲视为负担的痛苦感受，她的反应过于强烈，持续了好几天。

"精神崩溃"也会带来其他问题，就像 36 岁的乔安妮说的那样：

::那是在一次家庭烧烤聚会上，我和弟弟在争吵。我们经常吵架，但这次，他居然说我胖了很多，屁股看起来太大。他总是嘲笑我想要变得丰满性感。这一回，他只是说："太大了！"我很伤心，去找我姐姐，向她抱怨，她说："你何必在乎他的话呢？他就是个调皮捣蛋的小子，再说，谁在乎别人说你屁股什么呢别放在心上啦。"于是，不仅弟弟伤害了我，姐姐也把我弄得很抓狂，因为她不支持我，不同情我。不过，最让我烦恼的是，这件事在我心里堵了一个星期，它让我想起小时候妈妈不断批评我的体重来羞辱我。

乔安妮这次为期一周的"精神崩溃"非常有意思。首先，她觉得受到了伤害，然后，又因为别人不来安抚她的痛苦而感到愤怒。如果她坚强些，向内在母亲寻求帮助，就能立即得到安慰，从而缩短痛苦。然而她并没有获得所需的情感支持，直到一周后来接受心理治疗。我想再次强调，寻求支持是好事，我们都时常需要支持，但是，你可以在自己身上——你的内部母亲那儿寻找支持，从而避免这一个星期的不快体验。

敏 感 的 人

女儿经常会被家人称作"敏感的人"。经常有人说她们对别人的言行反应太过强烈,这让她们不厌其烦。自恋母亲的女儿必须努力从过去中解脱出来。当你了解到,任何突发的"精神崩溃",都是你受到过去的刺激产生的正常反应,也许你就会感觉好些,不那么抓狂了。如果你能够发现"精神崩溃",了解它,你就能试着减轻"精神崩溃",防止它再次发生。否则,你可能会因为受到小事的干扰而埋怨自己,再次表现得像个敏感的人。

:: 35 岁的黛德拉告诉我:"我们家不允许感情用事,所以一旦我有什么情绪想表达出来,就会有人对我说我过于敏感。这句话总会让我哑口无言,但我不知道面对内心的感受应该如何是好。"

:: 42 岁的梅勒迪说:"我非常讨厌别人说我过于敏感!只要我一表现出某种情绪,妈妈就会这样说我。我知道这是因为她没有能力安抚我的情绪,所以干脆不允许它们出现。现在,当我的丈夫和孩子们对我说同样的话时,我简直想揍他们。我想做一个真实的自我,不压抑自己的感受,不用为自己有情绪而担心。"

明白了为什么有必要让内在母亲变得强大起来,并已经意识到你的情绪崩溃有可能周期性发作,你就做好了改变自己的准备。在

第 12 章
做一个本真的女人：命中注定的女儿

经过前面几章的艰苦努力后，这一章剩下的内容会非常有趣。要顺利完成下面的练习，你需要的只是你和内在母亲的许可。不管发生什么，她总是在你身边。开始之后，你就会发现自己的激情和爱好，以前，当"一切都跟妈妈有关"的时候，你的激情和爱好也许一直都隐而不现。你需要用下面这类问题来问问自己：

- 我最看重什么？
- 什么事能让我快乐？
- 什么会给我带来最深的满足感？
- 我的爱好和才能是在哪些方面？

我到底是谁

女儿一直应自恋母亲和自恋家庭系统的需要，被迫扮演支持者的角色，所以她们经常会说并不知道自己是个什么样的人，也不知道自己喜欢什么。她们已经习惯了为他人做嫁衣，而不会以一种健康的方式来关注自己。正如梅告诉我的："我从妈妈那儿学到的是，如果我做了她认为我应该做的事，她就会爱我。我试着做我自己，但我不知道自己是谁。"

在踏上发现自我之旅以前，要先知道自己喜欢什么，相信什么。下面介绍两种练习方法，帮助你开始这一过程。

本色女人拼贴画

这个练习不是什么创新，但对那些开始换个角度审视自己的女人，是很有帮助的。这个练习需要一块招贴用纸板，或者彩色美术纸，以及若干女性杂志。首先，翻阅一下这些杂志，找到你认为能够代表女性特质的照片。要注意你选出来的东西：这些图像代表的是你所想要的，还是你妈妈或其他人认为你想要的？把下面这三类图片剪下来：那些你认为代表了成年女性的积极特质的图片、那些代表了你目前状况的图片，以及那些代表了你将来想要成为的人的图片。当你发现那些跟自己相符的图片时，用它们在纸上做一幅拼贴画。把这幅拼贴画保存下来，让它提醒你，当你改变自己、重新发现自我后，会成为一个什么样的人。

我的价值观是什么

这个练习会帮你提醒自己你相信什么，帮你了解自己喜欢什么。你要列一份清单，写上你对自己想要的东西和喜欢的事物的观点。我会提供我自己的清单，你可以把自己想关注的事加上去。这些条目既包括看似简单琐碎的小事，也包括重大的生活哲学。在每个条目后面，你要写上你自己的风格、偏好或者观念。

- 教育：你如何看待教育对自我和家庭的影响？
- 政治：你的政治观念。
- 宗教：你的宗教或精神信仰。

第 12 章
做一个本真的女人:命中注定的女儿

- 教养观念:你会怎样抚养自己的孩子?作为一个母亲,你最看重的是什么?
- 恋爱关系:在恋爱关系中,你认为什么是最重要的?
- 男人:你理想的男人是谁?他有什么特点?
- 朋友:什么样的朋友会让你产生好感?
- 电影:你最喜欢哪一类电影?
- 书籍:你最喜欢哪一类书籍?
- 首饰:你佩戴首饰的风格是怎样的?
- 时尚:你穿衣服的风格是什么?
- 汽车:如果你什么车都能买,说出你最想买的两种车。
- 建筑和家装风格:你最喜欢哪种建筑样式?
- 家具:你最喜欢哪种家具?
- 宝石:你最喜欢哪种宝石?
- 天气:你最喜欢什么样的天气?
- 地理:你最喜欢什么样的风景?
- 季节:你最喜欢的季节是哪个?为什么?
- 欣赏的音乐:只是欣赏的话,你最喜欢哪种音乐?
- 跳舞的音乐:你最喜欢用什么音乐来跳舞?
- 休闲活动:你最喜欢什么样的休闲活动?
- 会高兴得跳起来的活动:你喜欢的哪种活动会给你带来非常大的愉悦?
- 运动:你最喜欢的运动是什么?
- 电视节目:你最喜欢看什么样的电视节目?

- 食物：你最喜欢做、最喜欢吃的食物是什么？
- 饭店：如果在外面吃饭，你最想去哪儿？
- 购物场所：你最喜欢上哪儿买东西？
- 假期：你最想上哪儿度假？
- 体育项目：如果让你参加体育项目，你最喜欢哪一种？
- 看体育比赛：如果让你看体育比赛，你最喜欢看哪种？
- 颜色：你最喜欢穿的、最喜欢用作装饰的颜色是什么？
- 布料：你最喜欢穿的、最喜欢用作装饰的布料是什么？
- 花：你最喜欢什么花？
- 交流：你最喜欢什么样的交流？和谁在一起？谈论什么？
- 最喜欢的年龄段：你最喜欢和哪个年龄的人一起出去玩？

你可以继续补充。这个练习的目的是，用想和写的方法，借助你的观念、欲求、爱好、信仰和价值观来描述自己。我们平时很少有时间停下来问自己这些问题，当你发现原来已经有了这么丰富的自我，而且对自己了解这么多的时候，会觉得很惊奇。

如果我表现得已经足够优秀

下面这个练习，如果你多花点时间，仔细思考，会很有帮助。首先在你日记本某一页的开头，写上这样的标题："如果我以前表现优秀"。然后把那些如果你觉得自己表现优秀就会去做的事情写下来。"如果我以前做得足够好，我会……"至少要写10件事。我自

第 12 章
做一个本真的女人：命中注定的女儿

己做这个练习的时候经常会很惊奇，因为我发现回答每年都会有所变化。这个方法同样能有效地证明你已经战胜了旧有的消极观念，它们再也无法影响你的选择了。

做完这一步，把这些读给一个爱你的人听，看看对方是什么反应，也要允许你的内在母亲来参与。然后，着手去做清单上写的事。

在记忆练习中找到自己的兴趣

当我问那些来找我的女人，她们的兴趣是什么，而她们说不知道的时候，我总是很担心。如果你也是这样，我希望你找个时间安静下来，想想小时候喜欢做什么。你那时都玩些什么？有时，一种儿童活动，能成功地转换成一种符合你目前兴趣的成人活动。比如，我在做这个练习的时候，想起自己在 7 岁以前是住在乡下，骑过马。我喜欢马，也喜欢乡村景色，不过这也让我想起乡村舞蹈和乡村音乐，于是我再次尽情投入到这些活动中。现在，乡村舞蹈和乡村音乐已经成了我喜欢的两种消遣方式。我以前也很喜欢玩纸娃娃，这个兴趣现在转变成了对服装和时尚的爱好。试试这个回忆练习，看看你会想起什么。

也许你已经发现了自己的兴趣，但不允许自己花时间去发展它们、体验快乐。要找回真实自我，你得把自己身上的童趣带进来，尽情欢笑、享受生活。不要再压制你内心的这一部分了，你要弄明白它对你来说意味着什么。既要让自己享受休闲时光，又要带给自己那种我所说的"高兴得跳起来"的乐趣。对我而言，把这两种截然不同的活动结合在一起的例子,就是去参加盛大的音乐会,在那儿我既能享受音乐,又能伴着我喜欢的音乐,和优秀的舞者起舞,后者对我而言是种"高兴得跳起来"的乐趣。你也许喜欢在荒野里玩三天的攀岩,但你的女朋友也许更喜欢在豪华酒店度假。找到那些能让你享受愉悦的事,以及那些能让你完全放松、捧腹大笑的事。

找到自己的兴趣,接下来就要制定日程,把它们安排进自己的生活中。你也许会立即开始上钢琴课、舞蹈课或滑雪课。我的一位来访者最近开始跳肚皮舞,她非常喜欢——运动量很大,又很有趣。她在家里练习的时候,她丈夫也非常喜欢。你也许会发现,想发展一些新的爱好,却没有人和你一起做。如果是这样,你最好一个人去做。去看电影、去跳舞、去远足、去散步——不论什么,要一个人去做。在加强自我理解和自我信赖方面,找时间独处非常重要。独处的时间也许很奢侈,但我向你保证,把这些时间花在自己的爱好上,对康复是很有帮助的。

年龄永远不该成为一个考虑因素。有好几个我正在治疗的女人已经五六十岁,有的甚至七十岁了,她们现在才开始做自己一直想做的事,而且觉得非常开心。

要在你的治疗日记里列出自己真正的兴趣爱好,这有助你进行回顾,并在你发现自己还得面对痛苦时,得到一些鼓励。治疗过程有它有趣的一面——事实上,它一定得包含有趣的部分——所以千万别跳过这一部分。对自己好,是一种礼物,只有你和你的内在母亲能定期并可靠地提供这种礼物,别人都做不到。要敞开心怀,不要让自己以为照顾好自己、享受生活是自私的。恰恰相反,这是

第 12 章
做一个本真的女人：命中注定的女儿

治疗过程不可或缺的部分。

让我们来谈谈自私

许多正在治疗的女儿，从自恋母亲和我们的父权制文化那儿学会的是，关注她们自己的需要就是自私。女性的主要职责是"照顾他人"，她们被要求时刻待命、准备付出，而自恋母亲却对女儿缺乏关爱，仿佛她们不值得被人关爱。但是记住，你不能给别人自己都没有的东西。充实并满足的人，拥有溢出爱的精力，所以可以慷慨地奉献他人，而不会感到疲惫。他们就像加满了油的汽车一样精力充沛，但如果你长期精神不振、精力不足，不快乐、不满足，你就会发现照顾别人很不容易。托马斯 J. 伦纳德曾对此做过精彩的论述：

:: 创造性和杰出成就都需要一些自私，进化也是。当你知道自己正在做一件可能带来突破的事时，你需要尽可能集中精力、专注其上。在你回应他人的呼唤前，你需要先回应自己内心的呼唤。你得接受一个事实：长远来看，把自私维持在一个符合情理的、负责任的水平上，对你在乎的每个人都有好处。

身体健康

虽然我不是医生，但如果不提一下身体健康的重要性，这一章是不完整的。有些女儿可能会沉溺于自我破坏行为，所以我希望你充分意识到一点：必须照顾好自己的身体健康。身体出了问题，就不可能有稳定的心理健康和康复。下面，我只列出一般的健康标准，以确保你的康复计划也包括这些内容。如果你不符合列出的一项甚至多项条目，问问自己为什么，努力找出困难以克服它。如果你遇到的是成瘾之类的问题，就需要一个额外的治疗计划，以获得你所需要的帮助。下面这些条目，是我在征询了两份职业家庭医生后整理出来的。

- 做一次详尽的全面体检，并根据特定年龄的一般测试项目，制订一份个人健康计划。比如50岁以后做一个结肠镜检查，60岁后做一个骨质密度检测。
- 饮食均衡、营养全面。
- 多喝水（每天48盎司㊀）。
- 定期做运动，每周至少3次，每次至少30分钟。包括可以维持骨质密度的抗阻力训练，比如举重，以及一般的有氧运动。
- 定期做牙科检查，一年洗两次牙。
- 保证充足的睡眠。身体需要的睡眠时间因人而异，不过多数医生建议每晚睡7～8个小时。如果你还是很累，说明你需要更多睡眠。如果你一天都精力充沛，很可能就睡够了。
- 凡事适可而止。长远来看，吃得太多、抽烟太凶、滥用药物、酗酒都会对健康产生不利影响。

㊀ 1盎司=29.571毫升。——译者注

第 12 章
做一个本真的女人:命中注定的女儿

发现潜能

我们要讨论的下一个部分就是潜能。每个人都有一些与生俱来的能力。你有责任发现这种潜能,如果你想的话,也应该努力实现它。我接触过的很多自恋母亲的女儿,在某些领域都相当有才华,但从来没有发展过这些方面的能力,因为她们没有自信。有些女儿对自己的才能有非常清醒的认识,因为她们的妈妈曾经费尽心机地驱策她们展现自己的才华,但现在已经疲软、荒废。还有些人则从来没有得到过鼓励。

如果你有某种天赋,想发展它、实现它,再试一次,那就去做吧。要治愈那些和母亲不让你发展才能有关的记忆伤痛,重新发现你的才华,重拾荒废的技能。人生苦短,而你并不是无缘无故具有某种天资的。你不需要成为明星,做到什么程度都好。这个练习和别人无关,是为你准备的!我治疗过的一个女儿是位很有天赋的艺术家,她不想画画、卖画,也不想开自己的画廊,但确实想用自己的才能做点什么。她最后成了公立学校美术课的志愿老师,而且非常喜欢这份工作。还有一个女儿有一副优美的嗓子,加入了教堂唱诗班。你可以在怎样利用自己的才能上尽情发挥想象。现在,要允许自己全面地运转起来。

展现你的激情

不是每个人都有激情,但如果你有,至少要尝试一下那些会让你激动不已，给你带来人生目标的事，不管它是什么。你应该去寻找那些能唤醒你灵魂的事物。你不需要在任何一方面成为专家，如果你想做到最好，就尽力去做，但这不是必须的。只要你做了你想做的事，你就足够优秀了。行驶在你生命旅途上的那辆车，是你自己驾驶的。

我的激情在跳舞方面。我已经涉足这个领域好几年了，一有机会我就跳。等我写完这本书，我想把我能去的舞池都一网打尽。这种激情会让我暂时停下来，做点自己真正喜欢的事，我希望你也能这样。

现在，打开你的日记，写下那些会让你觉得生气勃勃、充满激情的事。你真正的兴趣和愿望是什么？即便你觉得自己好像没有激情，也要尝试去找到一种激情。你的激情也许在一种有社会意义、能帮助他人的事情上，也可能在一种只和自己有关的事情上——比如收藏、阅读、烹调、探索，或是编织、制作剪贴簿、缝纫、爬山、远足——什么都好。

如果顺利的话，通过这一章介绍的各种练习，你在我们开始问的这些重要的问题上，也许已经有了更好的答案：

- 我最看重什么？
- 什么事能让我快乐？
- 什么会给我带来最深的满足感？
- 我的爱好和才能是在哪些方面？

你已经懂得怎样让你的内在母亲变得强大起来，从而建立自信，

第 12 章
做一个本真的女人：命中注定的女儿

更加独立自主。你也知道了处理"精神崩溃"、超越这些障碍的方法。我希望现在你对自己更加乐观积极，而且会同意艾米的话：

:: "我的经验和个性是我的财富。我现在像是一只古怪的小鸡，但我的心态非常积极。我的生活是我自己选的，我能为我的行为负责。"

我的来访者波尼说：

:: "我以前没有爱自己的能力；我所知道的和我感受到的一分为二。我现在终于能感受到对自己的爱，而且成了一个自由的女人。"

你也学会了获得内在力量的技巧。现在我们下一步的目标，是用一种新的、健康的方式，处理你和现实生活中母亲的关系。

第 13 章：
轮到我了：在治疗中与母亲相处

> 她们的妈妈可能已经去世很久，或者白发苍苍、身体虚弱，但对自己的女儿仍有深刻的影响，女儿说起母亲来，好像自己马上就要被带进母亲的房间里。小老太太们怎么能够实现这种恐怖统治呢？
>
> ——维多利亚·席康达，《当母女之间无法建立友谊》

第 13 章
轮到我了：在治疗中与母亲相处

你有很多理由为自己感到自豪，尤其是到目前为止你已经完成的那些治疗工作。现在我们来讨论一下，如果你妈妈仍然待在你身边，某种程度上还是你生活的一部分，你应该怎么办。你已经改变了，但她没有。在治疗的这一阶段，你应该寻找那些既能有效处理你和她之间的关系，又能让自己保持健康心态的方法。

即便现在感觉更强大、自我意识更稳定了，当你决定要怎样跟妈妈相处时，恐怕还是会感到不安。你也许会问自己这样一些问题："我能对她说什么？""这对她有用吗？""我应该怎么跟她相处？""即便对我而言非常困难、非常痛苦，我还是应该和她保持联系吗？"很多女儿试过各种各样的方法，尽量避免和自恋母亲发生情感事故。不过她们往往还是会遇到各种阻碍、难题和挫败。

::维吉尼亚虽然心里矛盾重重，但一直在努力尝试。她现在的策略是直言不讳，她希望这样能让局面得到改善。"我经常和她起争执。我在她面前表现出来的对抗性比任何时候都强。我不在乎她说什么。我现在对她更加不满了，我说她是个大话王。但我仍然怀有希望——也许有一天真的能搞定。如果我能让她明白这一切，也许就能突破她设置的障碍，没准我能帮帮她。事情最后会变成什么样我现在毫无概念。"

::娜奇亚不想改变她和妈妈相处的方式："我一生大部分时候都要面对这种状况，而她从来没有变好一点。我尽量不激化冲突，因为她已经 83 岁了，而我不想毁了她剩下的日子。在过去 15 年中，我们有限的关系都是以她为中心的——这似乎是唯一可行的办法。"

::贝尔瓦连怀有希望的力气都没有了:"她总是奚落我,她喜欢惹我生气。看到我被挫败,她会很开心,觉得自己很有力量。这让我疲惫不堪,心里空落落的,我不相信有什么办法能解决问题。"

::特里回忆道:"有时,我会因为要和她通电话而感到恐惧,得先用心理暗示让自己振作起来。喝杯酒也有用!我永远不知道她接下来会说什么,我的意思是,这个女人连路边长的树都要挑毛病!她总是那么消极。"

这一章中,我会提供解决这些问题的建议。寻找和自恋母亲相处的健康之道,可能会让人很有挫败感,但这是一次意义重大的斗争。它似乎让许多女儿觉得绝望、无助、痛苦不堪,那么,你能做什么呢?

那些没法治愈的方面

如果你妈妈有严重的自恋人格障碍(narcissistic personality disorder, NPD),那么对她进行有效的治疗或者改变她的希望就很小。虽然我从来不说这是不可能的,但这需要密集的、长期的、专心投入的治疗,最重要的是,她得愿意接受治疗。真正有自恋人格障碍的人,很少会为自己寻求心理治疗,很少真心实意地想要进行自我改变和成长。在我的经验中,有自恋人格障碍的人来接受心理治疗,通常是为了解决和别人相处的问题。如果他们确实表达出一种要改变自己的想法,也会很快放弃治疗,并告诉我他们需要的是一个使用别的方法的治疗师。在他们眼中,往往是我这个治疗师有一些问题。

我最喜欢的故事发生在几年以前,那时我的治疗费为每次100

第 13 章
轮到我了：在治疗中与母亲相处

美元。当我正在解释良好的母女沟通是由什么组成的，这位盛气凌人的母亲开始疯狂在钱包里寻找着什么。她掏出一张 100 美元的钞票和一个打火机，动手要把这张钞票点着，说："这就是我对你的治疗建议的看法！"我笑了。谢天谢地，我和她女儿赶紧把火扑灭，结束了这次糟糕的母女治疗。

你妈妈拥有的自恋特质越多，对她进行成功治疗的可能性就越小。这意味着你没法搞定她，不用去尝试。既然她不会改变，你就应该问问自己，是不是还要继续和她相处，尤其是当她的行为会给你带来极大的情感痛苦。

带刺的母亲

必须承认，一个自恋母亲可能给身边的人带来很大伤害，以至于很难跟她相处。许多情况下，女儿不得不选择完全和母亲断绝往来，否则自己的情感就会受到极大伤害。也许周围的人无法理解这种决定，但这是为了自己的心理健康不得不做出的决定。雪妮丝说："我了解到她童年时受过的伤害，学会了同情她，但现在，我还是选择不要跟她走得太近。"

曼蒂说："大约在半年前，我最后一次尝试和母亲建立情感联系，却没能做到。我觉得很抱歉，因为我确实相信人际关系的伦理法则，觉得建立良好的母女关系是件好事，但这不可能，我不得不接受这一点。"

"在妈妈生命的最后 10 年里，我没和她说过话，" 60 岁的安托瓦妮特说，"我就是没法跟她说话。我花了很多年时间想要赢得她的爱，努力做好每一件事。太让人难过了。她去世的消息，我是从司法人员那里知道的。我们去她家里收拾东西，在公告板上发现了一张便条，上面说虽然我们对她很不好，但她已经原谅我们了。他们把她的骨灰交给我，我放在车里。我甚至没法把它拿到家里来。后来我卖了那辆车，还忘了把骨灰拿出来。打电话给买家，叫他们把我留在车里的骨灰扔掉，这让人家觉得很奇怪。别人知道我没法跟她好好相处经常会觉得很惊讶，但他们真的不知道她是个什么样的人！"

这种极端的、让人悲伤的例子比你想象得更普遍。我认识的很多女儿，当自己的自恋母亲离开人世时，都感到十分宽慰。她们觉得终于卸下了一个巨大的负担，但却羞于承认这一点。

如果你妈妈确实没法改变，而你一直觉得自己在遭受她的虐待，那么你得明白一点：和她断绝往来是一种健康的方式。不过当你决定要这样做时，要先确定已经完成了自己的治疗任务。如果你自己没有康复，只是简单地不和她来往，你就没法减轻痛苦，而你的真实自我也无法得到你想要的那种平静。就像默里·鲍恩在《临床实践中的家庭治疗》这本书里提醒我们的："分化程度较低的人被情绪张力驱使着，像棋子一样移来移去。分化程度较高的人面对张力会更坚强些。"

谢天谢地，并不是所有有自恋特质的母亲都无药可救。有些母亲更有可塑性，女儿可以选择和她们保持关系，并竭力创造一种新的互动，我把它叫作"普通关系"。

第 13 章
轮到我了：在治疗中与母亲相处

普通关系

在普通关系中，自恋母亲的女儿通过减少接触，来改变和母亲的互动。一起相处的时候，她们相互竭力保持克制和礼貌，但并不尝试拉近情感距离。有些女儿不想完全放弃自己的母亲，但接受了她在母性方面无能的事实，对这些女儿来说，这种关系不失为一种好的选择。

这种情况下，女儿还跟母亲保持联系，但对她不再有期待，所以失望也少得多。等你完成自己的治疗，确保你接受了母亲的缺陷，而且从她身边独立出来以后，这样的安排会最有效。如果独立程度不够，你会面临再次受自恋家庭影响的危险。正如我在第 11 章中说过的，你独立的目标是，在母亲和家庭面前，做一个"既亲近又独立"的人。这意味着你已经在自己周围建立起牢固的界限。对那些正在接受治疗，但还没法待在母亲身边的女儿，我推荐一种临时的隔离方法。

临时隔离

在你接受治疗的时候，一段时间不跟母亲接触，会很有好处，即便你的母亲很可能不喜欢这样。这会给你一点时间，让你自我治愈，处理好情绪问题，并尽量少受到母亲行为的刺激。你完全可以告诉妈妈，你正在解决自己的一些问题，暂时需要一点个人空间。你可以告诉她，如果发生了什么她需要知道的紧急情况，你会主动联系她,并请她也这样做。她不一定喜欢这样,也许会大发脾气,不过没关系——只要你表明这点,然后去做就行。如果她不让你独处,你就得学会建立底线,这一点我们后面会谈到。你的生活是由你自己,而不是你妈妈掌控的。她也许会提出更多要求,而且像下面几个故事里的女人一样用一些手腕,但你有责任坚守阵地。这是治疗的成功与否的关键。

∷ 46岁的米凯拉说:"我会时不时地和母亲保持一定距离,但她发现,使用一些手腕能让我帮她做事,这把我惹火了。如果我不回她的电话,她就一直打,让我不厌其烦!"

∷ 38岁的玛拉悲伤地讲了下面一席话:"大概在两年前,我知道了自恋这回事,并在受了一辈子的欺侮后意识到,她就是有这种问题的人。从那时起,我便对她很客气,但减少了我们在一起的时间,事实上我与她确立起一些期待已久的界限。那以后她变本加厉了;她似乎意识到已经再也没办法控制我了。这整件事让我觉得作呕。"

你需要知道怎样在母亲面前建立底线,怎样坚守它、保住它。

在母亲面前建立底线

建立底线意味着直言不讳地说出你做什么、不做什么。这是一个让别人知道你的立场、划定一条界线、不让别人逾越的过程,这意味着明确限度。人们一般会害怕建立底线,因为他们担心别人的

第 13 章
轮到我了：在治疗中与母亲相处

感受："如果我建立一条底线，我会伤害妈妈的感情。"女儿害怕建立底线，还因为这会让妈妈生气："如果我告诉她，因为我需要休息、好好照顾自己，所以不能去她那儿吃晚饭，她会发火的！"

女儿不在母亲面前建立牢固底线，一个非常普遍的原因是害怕被遗弃。"如果我要她退让，她就再也不会跟我说话了，而我不想完全失去自己的母亲。我见过她和别人断交，我想她也会这样对待我的。"

自恋的人一般会主动和别人断交，因为他们的情感形式很肤浅，认为别人要么是好人，要么是坏人。所有的事情在他们眼中非此即彼。如果你见过妈妈这样做，那么你对遗弃的恐惧是非常真实的。但你应该用一种现实的眼光来看待这件事，如果她已经在情感上遗弃了你，她就不可能再给你带来同样或类似的伤害了。

36 岁的贾内尔解释了她不能在母亲面前建立底线的原因："她会发疯，永远都不会原谅我的，她会让全家人都反对我，然后把我的名字从遗嘱里删除。我需要一些遗产，这也是我的孩子们应得的。"这个决定你只能自己来做，但别忘了，你的精神健康比那些指不定能不能继承到的钱更重要。学会建立底线，是掌控自己的生活、时间和健康的一种方法，这是健康生活所必需的。

那么，假如你现在已经在母亲面前建立了底线，跟她说由于你要集中精力解决一些自己的心理问题，所以暂时不能和她见面。你可以这样说："妈妈，我正在解决一些心理问题，我得跟你说，最近一段时间，我不能星期天过来吃晚饭了。我需要一些个人空间，所以也不会打电话给你，等我完成了，会告诉你的。我希望你不要在这段时间打电话给我，除非事情真的很紧急。我并不是在生气，这样做也不是因为你。我只是在做目前需要做的事。"

你妈妈也许会问是不是一切都好，这是很合情理的，你可以跟她说你很好，再次让她明白，你这样做不是针对她。如果她确实是个自恋的人，就会假设这件事是针对她的，所以我知道你现在在想："哦，不，这不会有用的。"但如果你能坚持，这会有用的。她也许会试着控制局面，打电话给你，甚至顺道来看看你。你的任务就是守住底线，说到做到。她按门铃你不要开；她打电话你不要接；她跟踪你，你就再一次用坚定的语气告诉她：你是认真的。她决定怎么办是她的事，不是你的事，你没有义务为她的感受负责。让底线变得牢固的关键就是坚守底线！你可以温和地处理这件事，和气地提醒她，等你把该做的事做完，会主动恢复联系的。

学会建立底线后，你会发现，在许多事情上、许多情形下都建立起底线，是很有帮助的。现在，我们来做一些实战练习，当你遇到困难时，可以回想一下这些例子。

∷ 你妈妈说："亲爱的，你家里好像积了很多灰尘，看看那个咖啡桌。我知道你有工作，又要照顾孩子，但你的家人需要一个干净、卫生的住处。"

∷ 你说："妈妈，这是我的家。我没觉得我做家务的频率有什么不好。谢谢你的关心，不过如果我的老公和孩子们觉得这是个问题，我会处理的。"

∷ 你妈妈说："亲爱的，我给你拿来一些减肥药，我发现你最近又胖了一点。我研究了好多种药，这是我能找到的最好的。"

第 13 章
轮到我了：在治疗中与母亲相处

::**你说**："妈妈，如果我觉得自己需要减肥，我会跟我的医生谈的。"

::**你妈妈说**："我每次见我的外孙女，都发现她的头发像个鸟窝似地。你小的时候，我从来不会让你没梳洗干净就出门。难道你不在乎自己的女儿什么样子吗？"

::**你说**："妈妈，我很为我的女儿感到自豪，我并不是很操心她的头发今天看起来怎么样。"

::**你妈妈说**："我需要你每天都打电话给我，以防不测。也许我会突发心脏病，而你甚至都不知道。我可能会一直躺在那儿受罪，其他人知道了会怎么想呢？"

::**你说**："妈妈，如果你真的担心这个问题，有个很实际的解决办法。他们有那种可以戴在身上的安全警报器。如果身体出现紧急情况，这个设备会自动联系急救人员的。"

::**你妈妈说**："我不相信你真的打算离婚。你到底做了什么毁掉了你的婚姻？我怎么去跟家里人解释这件事？"

::**你说**："我的婚姻应该由我自己做主，你不肯支持我、帮助我，反倒让我觉得很伤心。"

::**你妈妈说**："你说感恩节不到我这里来了，这是什么意思？你知不知道为这个家准备这顿饭，我要付出多少心血？我们每年都是一起在我这里过感恩节的。你怎么能这样对我？"

::**你说**:"妈妈,我现在已经结婚了,也要考虑一下我丈夫的家庭。节假日的安排有时会跟以前不一样的。"

划定牢固的底线会让你觉得很舒服,尤其当你和一个争强好胜的母亲在一起时。这需要一定的练习和克制,但不要用有敌意的方式对你母亲的回应做出反馈。先建立底线,如果她不尊重你的底线,你就撤离现场。你可以用和气、有礼貌的方式建立起健康的底线,没必要表现出愤怒、憎恨或防备。你可以做出声明,为你的需要和感受划定底线,然后时不时检查一下有没有问题。不要陷于无谓的争吵,只需一遍遍重申你的底线,直到你妈妈弄明白为止。

和母亲相处的另一个策略是考虑去做母女治疗。

带妈妈去做心理治疗

当我问我的来访者:"你妈妈会和你一起接受治疗,一起讨论母女之间的问题吗?"多数人都会笑起来,甚至嗤之以鼻。你妈妈越是自恋,她和你一起接受治疗、一起解决你的情感问题的可能性越小。自恋的人很难、有时完全不可能体验到她自己的情感。她通常会把自己的情绪投射到别人身上,而没有能力体验自己内心的感受。记住一点:你没法治愈你感受不到的创伤,所以自恋母亲通常会和她们的内在情感生活保持距离。如果你妈妈从来不面对自己的情绪,或者从来就没有什么情感问题,接受治疗就是在浪费时间。一旦问题涉及她们做错了的事,或者给女儿造成的伤害,很多人就会退出治疗。自恋程度高的母亲,在治疗过程中当着治疗师的面指责自己

第 13 章
轮到我了：在治疗中与母亲相处

的女儿，是常有的事。

这会让你陷入一种可怕的困境——你很想跟母亲建立健康的关系，把治疗继续下去，但你妈妈却不愿承认她需要谁的帮助。

:: 30 岁的罗珊告诉我："我没法让妈妈跟我一起接受治疗。不过在我接受治疗期间，会和她谈论这件事。她简直无药可救！她什么也不承认。我只是想听她说句对不起，她却只会哭，然后说自己怎么养了个这么可怕的女儿。她说自己是受害者，说我没有同情心。我再也不会问她能不能跟我一起去做治疗了。"

:: 莫妮卡的妈妈也尝试跟她一起去做治疗，最后却抨击治疗过程，指责莫妮卡，同时十分担心自己的母亲形象。"和妈妈一起去做治疗是个错误！她会去，但会把事情搞砸。她变得非常有戒心，这成了例行公事，我说的话她一句也不听，因为她太在乎她自己，在乎她在治疗师面前的形象。"

许多时候，自恋特质较少的妈妈往往能够学习、成长。遇到这样的妈妈，母女是有可能在治疗中和治疗外都携手康复的。多数女儿都本能地知道她们的妈妈是不是这种类型，她们会依据以往当她们想和妈妈讨论情感和沟通问题时的经验来判断。有些母亲会对自己有清醒的认识，下决心解决和女儿之间的问题，虽然这对她们来说并不容易。

我 62 岁的来访者格尔达就承认自己有一些自恋特质，而她的母亲也有严重的自恋人格障碍。她在自己和已故的母亲的关系中非常痛苦，她的母亲在情绪方面相当强硬。格尔达能够意识到这给她的生活和她自己的教养方式带来的负面影响。她真心想要努力和她的三个女儿一起解决问题。不幸的是，女儿们受伤太深，无心再试，她们已经对格尔达不抱希望，不相信她能够做出改变，所以还没有开始做母女治疗。我还怀有希望，想着也许有一天可以一起见见她们。有时，女儿必须先完成自己的治疗，从而为面对母亲，以及母女治疗所需的条件做好准备。女儿们都很年轻，还有工作要做，但都是和蔼可亲的人，我觉得长远来看，事情是很有希望的。

在决定是否和母亲一起做治疗的时候，时间是一个重要的考虑因素。如果时机不对，宁可等到每个人都准备好再开始。格尔达愿意退居次要位置，完成自己的治疗，解决一些和女儿之间的代际问题。这非常少见，于是我不断地告诉她，她做得很好，我为她感到骄傲。

如果你已经开始了母女治疗，而你妈妈盛气凌人、情感麻木，什么事都怪你，我建议你中断治疗，单独和治疗师谈谈，问问继续和母亲一起治疗有没有用。在这一治疗过程中，治疗师应该成为你的同盟，为你提供帮助。你的治疗不应该让妈妈已经对你做出的虐待和指责持续存在下去。如果你强烈地感觉到不想再和母亲一起治疗，而你的治疗师不同意，你就需要花点时间好好考虑自己的决定。最终，在时机对不对的问题上，你应该相信自己的直觉。

第 13 章
轮到我了：在治疗中与母亲相处

关于你的治疗，应该跟妈妈说些什么

本书提供了我和我的来访者使用的康复计划，以便你能对自己进行治疗。也就是说，在这个过程中，找个治疗师进行一对一的治疗，也是非常有帮助的。如果你选择这种方式，请记住一点：要不要告诉妈妈你在接受治疗，只由你自己决定，他人无从置喙。治疗是一件私密的事，没有人有必要知道，除非你想告诉他们，这对你妈妈也不例外。

如果你决定告诉她，你也要决定到底和她分享多少。也许你会告诉她你正在接受治疗，但也让她知道你并不打算跟她分享这一私人经历。如果她刨根问底，你要温和地建立起底线。如果这不管用，就要建立起更加强硬的底线。下面就是这两种情况的实例。

温和的底线："妈妈，你对我的治疗感兴趣我很高兴，当我做好准备跟你讨论时，我会主动这样做的。不过我现在仍有一些困惑，正在努力了解自己。我想先取得一些进展，然后才能清晰地、理性地跟你讨论。谢谢你理解我的难处。"

强硬的底线："妈妈，我得跟你说清楚，治疗是我的私事，我不想跟别人讨论。治疗是为了帮我解决我在我自己的生活中遇到的一些难题。别问我关于治疗的事，因为我不打算把这些事告诉你。"

你还可以在声明底线之前加上这样一些话："我很在乎你和你的感受"或者"妈妈，我爱你，但是……"如果妈妈表现出受到伤害或者发火的样子，那么处理她的情绪是她自己的事，不是你的事。你要从中抽身，让这成为她的问题——本来也是她的问题。记住，建立底线不是一种自私的行为，而是照顾好你自己的健康方式。我们女儿通常是知道这一点的，但妈妈非常善于让我们感到内疚，所以有时做到这一点并不容易。你要提醒自己：其他人的情绪不是你引起的。每个人对自己的情绪和反应都是有责任的，所以也应该自己负责把它们处理好。

只有自己才能治愈自己

我相信你已经发现，在完成自己的治疗后，和妈妈相处变得更容易了。这一改变的原因很多：你对她的投射的反应不那么强烈了；你能够建立起清晰的底线；由于你已经处理好了自己的情绪，她不再能那么轻易地激起你的痛苦了；由于你接受了她的缺陷，你对她不再抱有那么多期待了。不论你是已经完全独立了，还是暂时地独立，抑或和她保持一种普通关系，你的成功都是由你自己内心的治愈情况决定的。

如果妈妈已经去世了怎么办

如果你妈妈已经去世了，前面说过的一些方法也就没用了，不过，你自己的治疗仍然是很有必要的。我治疗过的许多女儿终其一生都受到自恋妈妈的影响，甚至在她们的妈妈去世以后。你摆脱不了那些负面观念，除非你有意识地把它们从心里释放出去。完成治疗对你的健康来说是必不可少的。

第 13 章
轮到我了：在治疗中与母亲相处

接下来，让我们对你妈妈和她的过去做些更深刻的理解。

理解母亲的性格

由于大部分自恋妈妈的女儿都是被依赖型，要让她们花点时间理解母亲的背景和过去、理解母亲成为现在这个样子的原因，并不容易。做到这一点，你就不会再让她对此视而不见，并能减少你的痛苦，或者对你的伤口视而不见，不会再让"所有的事情都围着妈妈转"。这个环节能帮你让自己的内心沉静下来，给你提供一种全局视角。打个比方，想象一座地形复杂的高山，我现在打算爬到山顶。我知道自己要从山脚开始，一步步攀登，一路上会遇到很多困难。如果我能先坐着直升机飞过这座山，或者查阅一张地图，看看自己是在哪个位置，攀登起来就会更容易些。地图或全景并不会减少我要遇到的困难和付出的努力；而只对我的整体计划和最终的成功有帮助。如果你更好地认识了母亲的个性来源，也会有同样的效果，这个环节会对你有所帮助。

一开始，要弄清楚你妈妈是不是也有一个自恋的家长——妈妈或是爸爸。很可能是这样。你可以借助我们在这本书里定义的那些特征，让她就这些问题评价一下她的父母。很多自恋母亲都非常乐意谈论自己的背景，只要不是跟她们自己做的事情有关。比如我爸妈就能讲出一些体现他们父母行为特点的生动例子。我们就此进行过一次活跃、愉快的讨论，虽然短暂，但聊胜于无。这些交流，使我能够追溯某些家族行为模式的传递，并用祖辈的经历来解释我自己的一些经历。

接下来你可以问问亲戚。姨妈、叔伯、表兄妹都是很好的信息来源,那些依然健在,且并不自恋的祖辈也是不错的信息来源。有时,当一位亲人的自恋伴侣去世后,他会更愿意分享自己的想法和回忆。

当然,在许多家庭中,这种讨论是不可能发生的。如果你的家人不支持这样做,你会知道的,随它去就是。如果你确定不会成功,就不要给自己带来不必要的刺激,要相信你的直觉。我认识的一些女儿曾把这个问题摆到亲戚面前,当结果不尽如人意时,她们就指责自己。我不希望同样的事情发生在你身上。

其他信息来源还包括跟你的双亲和祖辈相熟的朋友。虽然不多,但这年代还是有一些家庭世代居住在同一个小镇或城市里的。

如果你不确定自恋的具体特征,可以问问妈妈她成长过程的一些事,比如下面这些问题:

- 你的童年快乐吗?
- 你觉得你父母爱你吗?
- 你觉得你长大的过程中获得了别人足够的关注吗?
- 你爸妈会跟你交流感受吗?
- 有人听你倾诉吗?你觉得对方是认真在听吗?
- 当你父母对你不满意的时候,他们用什么方式管教你?
- 他们鼓励你独立自主吗?还是你必须屈从家庭的形象,按他们的期待去做?
- 你父母有没有特别在乎别人怎么看?

第13章
轮到我了：在治疗中与母亲相处

对你妈妈的背景了解得越多，你就会越理解她和她的行为方式。她很可能也曾是一个没有得到过母爱的孩子，很可能也有过自己的精神创伤。

不过，当你试着搜寻更多信息时，可能会感觉自己好像是在黑暗中挖掘。她可能对自己小时候的事矢口否认，这一点你要有所准备。你妈妈很可能不是最佳的信息提供者，看看她愿意分享什么，什么都好。

看待你妈妈的成长时，同样要考虑到时代的影响。很多因素都会影响一位母亲养育孩子的方式。

历 史 眼 光

我们在很大程度上，是由社会价值和社会对养育方式的期望塑造而成的。每一代人都有他们自己的育儿哲学和观念，所以一代和下一代之间可能会出现矛盾。看看下表由《同代人：一同奋斗》这本小书所定义的美国人的代际标识，作为例子，我在旁边列出了我们家族的女性。你可以照着做，以更全面地看待自己的家庭。

代　　际	出生时间	实　　例
大兵的一代	1901 ~ 1923	我外婆
沉默的一代	1924 ~ 1945	我妈妈
婴儿潮一代	1946 ~ 1964	我
X一代	1965 ~ 1980	我女儿
千禧一代（又称为"Y一代"）	1981 ~ 2002	我孙女

在这些年间，育儿观念起先是"不打不成器"和"孩子是需要

看管的，但你不需要在意他们倾诉什么"，到了婴儿潮一代，家长采取的态度是，不要求孩子在学业和社交方面表现出众，而重在帮他们建立自尊心，这可是种巨变。许多人会问："怎样才是教育孩子的正确方式呢？"

婴儿潮一代母亲，从待在家里烤曲奇、随时待命，转变成了受过高等教育，有自己事业的女性。比如，我生第一个孩子的时候，人们对"女性特质"的主流看法经历了一场文化变革。妈妈们成了女权主义者，为争取平等权利游行示威，开始成为职业女性。家庭结构也改变了：离婚、钥匙儿童⊖、单亲家庭、日托中心都不再稀奇，在这些方面他们和上一代人截然不同。我女儿有一天一时气愤，把我叫作"家庭离异妇女"，言下之意，把妈妈叫作"家庭主妇"再也不合适了。

婴儿潮一代母亲，为自己的女儿接受更好的教育和医疗保健、享受平等的就学、就业权利铺平了道路，创造了女性前所未有的新选择。不过她们的一些"X一代"女儿认为，妈妈在做这些事情的时候，家庭受到了伤害，女儿觉得，和母亲的职业抱负相比，自己是次要的。母女之间的耐心沟通才能解决这一争端，但母亲对自我发展和职业成功的专注和自恋是不一样的，除非母亲也表现出自恋特质。同时，婴儿潮一代母亲也应该认可"X一代"女儿的感受，理解她们可能会像这本书里提到的一些女儿一样。理解、同情和沟通是解决问题的关键。

无论如何，考虑到文化、社会和历史对我们的妈妈、外婆的影

⊖ 父母在外工作时被留在家里无人照料，身上带着钥匙的小孩。——译者注

第 13 章
轮到我了：在治疗中与母亲相处

响，她们不明白怎样教育孩子也就不足为奇了。只能说，许多人都是按照上一代教育他们的方式来教育下一代的。适当使用一些历史视角，我们就更容易理解母性态度和行为是怎样一代不同于一代的，以及为什么弱小的女孩长大后会成为自恋妈妈。

不过这并不是说我在找借口，我只是在提供理解的素材。我相信，不论在哪个历史时期，不论对哪一代人而言，好妈妈的标志，都是有能力提供真诚的爱和同情，提供身体和情感上的照料。

这样理解了母亲的历史后，让我们来看看"原谅"这个复杂的概念。

原　　谅

"原谅"这个词经常被人误解，或者赋予过多的意义。很多女儿从小就被教导：好姑娘懂得原谅，不会记仇。这一观念很清楚：我们应该原谅任何伤害我们的人，因为这样做是对的。

我确实相信原谅的正确性和重要性，相信它能改善你的情绪，但我是从另一个角度来看待原谅的。当我们知道对方并不是故意伤害我们的时候，原谅是种积极的方式，有助于治愈伤痛。但如果不承认感受到的痛苦，对我们一点好处也没有。我们已经受到伤害，而对方很可能再次伤害我们——不管对方是无心的还是故意的，如果我们不面对这个现实，就会受到更多的伤害。

许多人误以为原谅就是容忍原来的冒犯行为，几乎等于对别人说这样做没什么不对。但我认为，负责任是心理健康的重要表现。

所以我建议你只原谅那些能对自己的行为负责任的人，如果她承认错误，意识到了自己的问题，真心实意地因此感到抱歉，你就原谅她。这似乎很严厉，能做到这一点的自恋妈妈并不多，所以对她们中的大部分人，我并不建议你原谅她们。

不过，我建议你学习一种内心的淡然——这是为你自己好。自恋妈妈的女儿得不到爱，她们中很多人在身体和情感方面遭受虐待。我们不能容忍不称职的母亲，不能容忍那些忽视孩子最基本的需要和权利的人。但是，你在心里一定要对这一切淡然处之，这样，作为一个女儿，你也能够释放掉你的愤怒和悲伤。通过摒弃这些负面情绪来做到"原谅"，你就可以好好地生活下去。

处理情绪的第一个步骤使你得以完成内心的释放。此后，你将体验到一种更加中立的内在感受，你再也不会有那种和妈妈有关的强烈情绪了。这种中立使你得以保持淡然的心态，这就像是一种内在的原谅。这是你给自己的礼物，就像我的来访者肯纳说的那样：

:: "虽然我从来没法跟母亲谈论情感，但现在我可以说，我确实爱她。有趣的是，她都没有注意到我以前从没说过这样的话。我现在明白，这次治疗和原谅改变的是我，我感觉非常好。"

这种原谅，是对妈妈的理解，它使你能够超越过去那种做一个不高兴的、受伤的孩子的感觉，它让你感觉自己已经长大了。刘易斯·史密德在《羞愧和优雅：治疗不必要的羞愧》一书中这样说：

:: 第一个，也是唯一一个从原谅中得到慰藉的人，就是这个原谅的

第 13 章
轮到我了：在治疗中与母亲相处

人自己……一旦我们真心地原谅，我们也就释放了一个囚徒，然后发现，这个囚徒就是我们自己。

当然，我自己关于原谅的理论和实践并不是唯一的方法。许多女儿都发现，她们的宗教和灵性体验会有助于原谅。12 步成瘾治疗计划[1]指出，真正原谅的标志是，对伤害你的那个人，你会祝她好运，愿她心想事成。他们进一步提出的建议是，你希望自己想得到的那些东西——健康、财富和幸福，应该祈祷那个伤害你的人也得到。《唯一重要的事》一书中这样写道：

::原谅是那些不善于爱的人相互之间实践爱的方式。事情的残酷之处在于，我们每个人都不善于爱。我们每一天、每一小时，都要不停地原谅别人，同时也被别人原谅。这就是在软弱的人类大家庭中，爱的伟大力量。

对于你的治疗，我所希望的是，你选择的原谅方式彻底消除了指责，你不再觉得自己是个受害者。因为如果你继续保持受害者的心态，就有可能用你的创伤来定义你的人生，这意味着你任由妈妈的失败来控制你。从受害者的心态中解脱出来，是康复的真正标志。

母亲的礼物

没有人是绝对的好人或绝对的坏人，记住这一点非常重要。不

---

[1] 专门针对成瘾、强迫症及其他行为问题的一种治疗方法。——译者注

管你妈妈是有自恋人格障碍，还是只有一些自恋特质，她都有她的优点。你的才华、激情、兴趣和知识，有可能是拜她所赐。不能忘记她给你的礼物，这些礼物可能是美感、乐感、天赋、身材、发质、漂亮的眼睛、光滑的皮肤，或者像是贴墙纸的时候一个皱褶也不出现之类的能力。

你可以在日记里记下妈妈给你的那些礼物，并对此心怀感激。小时候，我奶奶经常会在我耳边叨念一句很重要的话。如果我想说谁的不好，她就会把我抱到腿上，温柔地说："只要你仔细寻找，总能找到别人的闪光之处。"我发现确实是这样。你应该找找母亲的优点，以及她给你的礼物，这对你的帮助，也许会比你现在意识到的更大。苏西对我读了一段她的日记：

:: 我心怀怒气离开了家。也许我还没有准备好应对生活中大部分实际的事务，不过我确实觉得，诚实和正直是我最宝贵的财富。我学会了一种非常重要的职业道德；我明白了大多数时候，高标准会带来好结果；我懂得幽默和欢笑能够跨越暂时的差异；我学会了餐桌礼仪，怎样布置桌子，怎样款待客人；我学会了社交技巧，还学会了适可而止！不知怎么地，我有些固执；我尽量去看别人好的方面，我很能包容别人，学东西也很快。我痛苦地意识到，我想成为另一种类型的母亲，于是我努力自学育儿知识。结果，我一生中最快乐的事就是做母亲。于是代际相传的恶性循环被打破了。

第 13 章
轮到我了：在治疗中与母亲相处

爱，而不是指责：康复的表现

我对你的期望包括以下几个方面：你真正了解自己，怀着一种爱的感觉看待自己；你摆脱了童年的焦虑不安，取而代之的是，你为来到这世上、为经历了这些事而充满感激；你明白自己的人生道路上充满宝贵的教训，过去这样，现在也是；你意识到自己拥有一种可以和孩子们、你爱的人，以及全世界一同分享的智慧；你明白妈妈给了你一些特别的礼物，它们藏在你的心灵创伤中，现在你会心怀感激。

你能对自己的人生负责；你依靠自己的力量解决自己的情绪问题；你是一个拥有稳定的自我意识的成年人；你认真地看待自己，不再妄自菲薄；你已经从充满焦虑的童年阴影中走了出来，来到了自信、自强的阳光下。

现在，你可以完成最后一步，结束自恋母亲给你的负面影响了。

第 14 章：
填补空虚之镜：结束自恋母亲的影响

> 心理创伤深埋于我们的脑海中，意识会否认它的存在，但我们常常会在下一代人身上遇到它。
>
> ——爱丽丝·米勒，在线采访

第 14 章
填补空虚之镜：结束自恋母亲的影响

这一章中，你将学习怎样利用你对自恋影响的认识，你的愿望，去改变它，阻止它传递到下一代人身上。自恋妈妈的女儿常会担心，自己已经习得的自恋特质，会对她们最亲近的人——孩子、伴侣、朋友——产生不利影响。埃兰·戈隆布在《镜中囹圄》中表达了这种担忧："如果父母被自恋所扭曲，孩子会受到很强的模仿压力。"

育儿浅说

对于那些已经有了孩子的读者，这个话题非常重要。我治疗过的许多女人都很担心她们的育儿方式。年轻的妈妈对自己的育儿能力往往更乐观，但年纪大起来后，她们会慢慢在自己的孩子身上发现自恋行为的影响，她们对这种影响一点儿不陌生。不难理解，这时她们会变得恐慌起来。

"我尽量在养育子女的每一方面都跟母亲不一样，但还是出了问题。他们现在都要成年了，我还能做点什么吗？" 50 多岁的斯嘉丽向我倾诉："我发现孩子们不能对自己的行为负责，滥用药物来麻痹自己的感情，这可把我吓坏了。"

我教育自己的孩子时，也遇到了同样的困惑（当然，这只是我自己的感觉，我的孩子们可能不会同意）。在我成长过程中，记下了许多将来长大成人、当了妈妈绝不去做的事情。我花了多年时间研究儿童发展和心理学，希望有助于改变那些代代相传的行为模式。第一个孩子刚一出生，我就努力实践不同的育儿方式。除了这些，我好不容易才明白，我们平时的一举一动会对孩子产生巨大影响，相比之下，和他们直接互动的作用要小得多。尽管我在每一方面都尽量想做一个好家长，我最终还是给他们做了一个不好的表率，让他们看出我自己心里其实是有些问题的。在我开始集中进行治疗之前，这种状态持续了很长时间。当然，我从来没对孩子们说他们不够优秀（我心里也从没这样想过），不过关于我在自己眼中究竟有多大价值，他们会在我自己的挣扎中搜寻答案。我好像粗心大意地让那些关于我的消极观念变成了真的，而且违反我自己的愿望，将其传给了下一代。在临床研究中，我也在其他自恋母亲的女儿身上发现了这种情况。

我们在孩子们面前表现出来的行为和态度是至关重要的。我们会无意识地把消极观念和态度传给下一代，所以作为母亲，我们有必要解决自己的问题。我在工作中，致力于让其他女人认识这一风险，以及改变的必要性，希望能够消除自恋在我们生活中，以及我们孩子的生活中造成的痛苦。

我相信作为一个家长，我还有很多盲点。我对自己和孩子们做出的承诺，就是为一切好的改变敞开大门，希望你也这样做。为彼此开启新的治疗通道，是一件伟大的礼物，对大多数成年女儿来说，这只有在梦里才能得到，因为我们的妈妈丝毫不愿做出改变。好消息是，我们能够为自己的孩子做出改变，避免将问题传递给下一代。

你得开始对自己的育儿方式做出评估。你得承认一个痛苦的现实：做一个自恋的人的孩子，却一点没受到这种自恋的伤害，是不可能的。任何一个在这种环境中长大的人，都多少会有些自恋特质。

第 14 章
填补空虚之镜：结束自恋母亲的影响

我知道这不是你乐于听到的话——我自己要承认这一点也并不容易——但在你实施补救之前，必须先面对这一点。

记住自恋是个连续体，完全的自恋人格障碍处在连续体的一端，但大多数人更靠近另一端。很多人都会自爱，这是正常的。

当你开始在这方面努力时，你也许会发现，身边没有谁会像你自己一样热心可靠。你的内在声音也许会插嘴，对你说这是你"表现不够好"的另一个标志。我想让你清楚地明白：识别自己的自恋特质、解决相应的问题，是一种对自己负责的、自救的行为，这说明你认真对待自己，不把治疗当儿戏。你能给自己的最大的礼物，就是学会掌控自己的情绪和行为。记住，治疗是持续终身的，没法一蹴而就。你不必感到羞愧或内疚，你正在摆脱"受害者"的角色，发展出一种坚强、自立、仁爱的成年自我——拥有这样的一个自我，就足够好了。

很多人都像你一样，想做一个称职的家长。几乎没什么事比做母亲所担负的责任和重量更大，这种意识和愿望，会一直延续到做祖母和曾祖母的时候。把这件事做好的母性本能，是女性灵魂深处的渴望。我们都会犯错，都希望自己能做得更好。当我们在自己孩子身上犯错时，没法轻易摆脱困境，因为这些错误影响了我们最爱的人。哪怕你过去没有受到自恋问题的影响，也不可能做一个完美的家长。迄今为止我从未见过这样的人，事实上，如果有人来找我，自称是心理治疗师，而且在育儿领域已臻于至善，我很可能会把《精神疾病诊断与统计手册》拿过来，看看她是不是有某种妄想障碍。我不会忘记那天和我最好的朋友凯伊讨论了我们在教育子女上都犯过的错误后,她对我说:"我越来越喜欢你了,你现在已经不再追求要做一个完美的母亲了!"

下面要介绍的,就是用没有自恋的健康方式养育子女的关键技术。

同　情

同情在我的清单上排第一位,它是爱的基石。缺乏同情心当然是自恋妈妈的一大标志。同情自己的孩子,意味着去体验并承认他们的感受,这是一种有关慈悲和敏感的艺术,也是一种不管他们在经历什么,都给予道德支持的能力。你不需要赞同他们,但要守候在他们身边,要暂时把自己的感受和想法抛到一边,努力去理解他们的情感需要和他们行为背后的原因。不要声明规则,也不要提供建议和指导,而要同情。

同情意味着要弄明白你的孩子正在表达的感受,告诉他们你已经知道了他们现在的感觉:"我发现你很生气。""你挺伤心的。""我觉得你很沮丧。"不管孩子有多大,表现你的同情,会让他觉得你是在把他当作一个真实的、重要的个体来对待。

如果你让孩子对你感到不安,做到这一点会很难。一旦你发现孩子有一种受到威胁或不安的感觉,要记住,同情并不意味着同意,而是一种对真实感受的承认。举个例子,我5岁的孙女在吃饭前向我要一块曲奇。我说:"我们只能饭后再吃。"接下来,她用5岁孩子特有的方式调皮地说道:"我恨你,奶奶。"我知道她不恨我,她

第 14 章
填补空虚之镜：结束自恋母亲的影响

也知道，但她没有立刻得到一块曲奇，非常生气。这没什么大不了的。我可以对她说："亲爱的，我知道你不恨你奶奶，但是你想吃曲奇，所以非常恼火，我能理解。我现在也想要一块曲奇，但我们要等到饭后才能吃。说说自己的感受和想法，哪怕很极端，也没什么，我很高兴你告诉了我。"在这个例子中，虽然我孙女只有 5 岁，但她需要确证和承认。这时，人们很有可能对这孩子发火，甚至一把推开她，而这会让孩子觉得她必须压抑自己的感受。你的愤怒和惩罚会让事情变得更糟，而情绪也会逐步升级。

大一点的孩子和青春期的孩子经常会故意不尊重你。在这种情况下，你必须建立底线，但为了让孩子知道你并不是不在乎他，你还是得面对话语背后的情绪。比如，当青少年情绪失控时，可能会对自己的妈妈恶语相伤，比如当他不能去购物中心时，非常生气。对这类不良行为，妈妈应该为自己的忍耐设立限度，但她也应该承认，孩子确实觉得很沮丧。这样做能立即消除孩子的怒火，很多家长第一次尝试时会很惊奇。如果孩子发现有人在关注她，在认真听她说话，往往会变得更有理智，这时候母亲就有了话语权。

我儿子在 12 岁左右的时候，有一天从学校里回来，怒气冲冲，开始乱扔东西。我们坐下吃饭时，他举起一个盘子，砰地摔在桌子上。我的第一感觉是想让他住手，回自己房间去，但我说的是："亲爱的，肯定出了什么严重的事，你那么生气。说说怎么回事儿吧。"这话立即浇灭了他的怒火，他开始表达自己的感受，是他姐姐做的什么事惹恼了他，具体细节我已经不记得了。我一直知道，如果我让他回房间去，或者马上惩罚他，他的行为也许会逐渐升级，而我们永远也无法知道他的真实感受。他为什么事情生气并不重要，重要的是要立即认可他的感受。他有了发言权，受到了关注，而这样做给我的好处就是，我的盘子得以幸免于难。

责　任

对自己的情绪和行为负责，这一点对心理健康和内心安宁非常重要。作为自恋妈妈的女儿，我们经常目睹的却是一种"推卸责任的把戏"：妈妈总是没法对自己的情绪和行为负责，她把它们投射到其他人身上，尤其是我们。

在践行自己的责任时，你也接受了这样一个观点：不管遇到什么事，我都有责任控制好自己的情绪和行为。我的情绪不是别人造成的，没人让我酗酒，没人强迫我对他人怀有敌意，没人让我抑郁，没人让我对自己的孩子大叫大喊、拳脚相加，没人叫我超速行驶，没人让我破坏法律……决定是我自己做的，我在大多数事情上都不是别无选择，如果我成了受害者，那也是我自己的选择。

你也有必要教导你的孩子，让他们对自己的行为负责。你可以为他们确立底线，在他们过界的时候施加安全而健康的惩罚。不要使用粗暴的管教手段，以及任何有羞辱意味的方式。你应该让他知道什么是对什么是错，并用适合他们年龄的方式来不断强化。

如果孩子没有学会为自己的行为负责，长大后就会觉得不必有所顾忌，而这正是自恋的一种特质。

第 14 章
填补空虚之镜：结束自恋母亲的影响

特　权

应该让孩子觉得在我们眼中他们很重要，但不能让他们觉得在每个人眼中他们都很重要。要让他们真心意识到，别人的需要和他们自己的需要一样重要。教他们的方法，可以是在他们面前表现出对别人的尊重，或者让他们去发现别人身上的优点。孩子能学会既把自己看成是独一无二的，也把自己看作人类大家庭中普通的一员。他并不需要独立于世才能获得满足感和内心平静。为了确保不要让孩子产生特权感，你应该把注意力放在引导、帮助他们上，让他们建立一种自我意识，认识到他们在这个世界所处的位置，认识到自己和别人的关系，以及自己对别人的责任。

许多家长似乎在学业和体育上给孩子施加压力，想让他们不惜一切代价做到最好。这种"拥有"和"成就"的压力，经常会绕过个人义务的基本原则。千万别高估孩子的能力和天赋，你应该用现实一点的眼光来看待她的成就，适时地给予肯定。要分享她的成功，为她的成就赞美她，但不要给她压力，不要让她因为没有实现你的期望，就觉得自己"做得不够好"，否则会让孩子产生困惑、怨恨和特权感。

价　值

帮助孩子确立价值观，对他们的发展非常重要，但首先你得知道自己相信什么不相信什么。在多年来对上百个人做的心理治疗中，我常常会惊奇地发现，当我问他们的世界观和价值观是什么时，很多人都不知道该说什么。不过，既然你已经完成了治疗，现在应该知道自己的信仰和价值观了。我希望你能明白，教会孩子诚实、正直、仁慈、同情、怜悯、原谅、健康的自尊和自爱、明辨是非，这是相当重要的。在我们这个时代，很多家长好像更关心孩子的外表，而不是他们对待别人的方式。

价值观教育的最好方法，就是自己身体力行。对待孩子和他人要诚实、善意、同情、正直，借此让孩子看到这些品质；要照顾好自己，以此让他们懂得自尊和自爱的重要性；要借用邻居、电视和电影上、学校里和日常八卦中的例子来和孩子讨论价值观。孩子正在从事的每一项活动，都能成为教他建立价值观、辨明是非的教室。注意不要粗暴、挑剔、妄下定论。你只需友善、直接、坦率地表达自己的看法，告诉他如果是你，你会怎么做。

尽量让孩子从事的活动包含一些为别人付出、向别人提供帮助。刚开始，他们也许只能学会给别人帮个忙，但最终，他们会有能力为整个社区做贡献。回馈会让他们明白，别人也很重要。

不仅要看重自己的成就，更要看重自己的人格

你对孩子的爱，应该基于他们是什么样的人，而不仅是他们能做什么。作为自恋妈妈的女儿，你自小学到的是，做了什么比是什么样的人更重要，所以你可能一直觉得父母根本不了解真实的你。

你应该了解孩子的真实一面，了解他们喜欢什么不喜欢什么，

第 14 章
填补空虚之镜：结束自恋母亲的影响

以及在你和你感兴趣的事情之外，他们还对什么感兴趣。不仅要看重他们的幽默感和智商，也要看重他们的善良和好意。不要根据他们做了什么来定义他们（比如"我儿子是足球队员""我女儿是芭蕾舞者"）。如果你让孩子把自尊心专注在自己的成就上，你就是在把下一代造就成成就导向型自恋者，使他们只能通过成为"明星"来获得良好的自我感觉。不管他们有没有实现自己的目标，该肯定的时候就要肯定。要让他们知道，你为他们做过的事深感骄傲，即便他们不能成为 CEO 或者篮球明星，你对他们的爱也不会减少一丝一毫。

我正在写这本书的时候，一个老朋友来找我。他说他儿子刚刚收到一所大学的棒球奖学金，但他谈得更多的，是儿子胸怀宽广，而不是儿子拿了奖学金！我朋友很为儿子的成就感到自豪，但同样因为他的个人品质而爱他。这真是一种巧妙的平衡。

真　　诚

要鼓励你的孩子做一个真诚的人。真诚地表达自我和感受，是发展独立自我的必由之路。我们这些女儿在自恋环境中已经学会了虚伪，不要把这种对外表的重视传给下一代。对待他人，对待自己的底线，他们既应该直截了当、谦恭有礼，也应该适可而止，不加矫饰。你可以遵从自己的本性，不管别人喜不喜欢。你和你的孩子并不需要赢得每个人的好感。

真诚意味着接受孩子的感受，鼓励他们进行表达，哪怕你不同意他们的看法，哪怕这让你很不高兴。这意味着你不会教她打肿脸充胖子，不会教她自欺欺人。不要让家里出现大家都避而不谈的严重问题，家里不应该有不正常的秘密，更不要让孩子对这种秘密视而不见。应该让他懂得，他没必要为了维持美好的形象而欺骗自己、欺骗他人。过去的痛苦经验已经让我们明白，这会多么令人抓狂。

我最近遇到一个母亲，她对自己抽泣的孩子说："不要哭，大家都不喜欢爱哭的小孩儿。"这孩子立刻止住了，她显然很熟悉这样的话。这样做的危险之处在于，它会让孩子否认自己的情感，牺牲他们的真实自我，扮演一种父母可以接受的形象。和孩子交流的时候，要对这种情况保持警惕。如果你给他们施加压力，让他们戴上面具，你就逼得他们只能相信自己的真实自我是没法被别人接受的。

家庭等级

孩子不应该成为你的朋友。不要破坏家长和孩子之间的界限，所有的孩子都应该处在同一等级上。不要和孩子分享成人的观点，也不要用成年人的问题给他们增添负担。你可以参考第4章中提到的健康的家庭等级：满足你的需要不是孩子的事，相反，满足他们的需要是你的事。

在家里，要为每个成员的独立空间维持适当的界线。每个人都应该尊重别人的财产和个人空间。要教会孩子坚决说"不"，以免他们被别人控制。这会帮助他们确立一种独立的自我意识。

养育孩子是一项庞大的工作，也可能是你会遇到的最值得做，同时也最困难的工作。没人能做得十全十美，这不要紧。不过，如

第 14 章
填补空虚之镜：结束自恋母亲的影响

果你理解了前面说的这几种因素，你就拥有了一种比你父母养育你时更健康的认识。这本身就是一件很好的礼物。

和他人的关系

你无意中获得的自恋特质，也会影响你和其他成年人的关系。你得留意这些特质，以进一步控制它们。做到这一点并不容易，但有这些特质，并不意味着你不是个好人，或者你还不够努力。这意味着你是个正常人，痛苦、艰难的童年给你带来一些问题，不过，已经成年的你，希望自己是个靠得住的人，想要诚实地面对自己。你可以跨越痛苦和悲伤的经历，让自己在情感上得到成长，把破碎的自己重新整合起来。

内在母亲——你的向导

在恋爱关系中，你很容易发现自己的成长和缺陷，因为恋爱关系唤醒了我们内心深处未被满足的需要。恋爱中的人会尝试克服过去的创伤，但我们常常会在恋爱对象那里寻找小时候没有得到的爱。这种尝试已经走入了误区，在完全康复前，我们会不断地重复。这就是为什么许多自恋母亲的女儿会经历一系列失败的恋爱关系。

你应该找内在母亲提供帮助。要学会体验内在母亲给你的自尊感，借以用新的方式，重新抚育心中那个受伤的孩子；要清除创伤，树立起新的、积极的看法，这样你就能获得内在母亲的支持。接下来,就能调整你的"择偶机制",这样,你就会被其他既不是依赖型,也不是被依赖型,真正适合你的异性所吸引。如果你在内在母亲的问题上还需进一步努力,可以参考第 12 章。

找到生活中的爱

现在,在择偶和跟伴侣相处方面,应该抛弃旧有的标准了。如果你习惯于关注形象特征,比如"他帅吗?""他有钱吗?""他的工作好不好?""他开的车是不是很时髦?""他会跳舞吗?"那么从现在开始,你应该问一些其他问题,比如:"他心地善良吗?""他能像管理自己的公司一样管理好自己的情感和行为吗?""他会表现出自己的真实情感吗?会同情别人吗?""他能真诚地爱自己、爱我吗?""我们的心灵可以共舞吗?"既然你已经完成了治疗,就该考虑参照下面的因素来选择一个终身伴侣了。如果你已经结婚,或有了男朋友,想一想你们的关系是不是满足下面这些条件。

- 你和他在一起的时候,他是不是很友善,有同情心?他品行是不是正直?
- 他是不是想和你建立终身的关系,一同学习、一同成长?他有没有能力做到?
- 他能发自内心地同情别人吗?他对努力消除痛苦、解决问题有兴趣吗?
- 他有没有属于自己的行事风格、生活、兴趣和爱好?而且这

第 14 章
填补空虚之镜：结束自恋母亲的影响

不会依赖于你？
- 你们的大部分价值观和世界观（包括生活哲学）都相似吗？
- 你们有没有一些共同的爱好，可以用来一起打发休闲时光？
- 他有幽默感吗？他的幽默感是不是出于好心，没有敌意？
- 他想不想成为你最好的朋友兼灵魂伴侣？他有能力做到吗（他是不是表现得像你最好的朋友一样？）？
- 他会跟你谈论情感吗？他对自己的情感世界有所认识吗？
- 他能处理好矛盾心理和阴郁心情吗？能不能宽容地对待你的、他自己的和别人的失败、缺点？
- 在他给你的物质生活带来新东西时，能不能也给你的精神生活带来新东西，从而让你们的二人世界更加精彩？
- 他会不会把你最好的一面激发出来？

恋爱关系中的治疗目标

既然你现在要选择一种新的恋爱关系，或者要努力改善目前的恋爱关系，那么，你在治疗过程中应该注意些什么？也许你能找到满足真爱清单上每一个条件的对象，但除非你继续完成治疗，否则你的恋爱关系还会是不愉快、不满意的。下面就是你在恋爱关系中要努力的目标：

- 要记得回报。恋爱关系是一种平等的交换，你要怀着爱和感恩付出，并接受对方的付出。

- 你爱的是他这个人,而不是他能为你做的事,或你能为他做的事。
- 如果你和妈妈之间没有解决的问题再次浮现,要回到相关的治疗阶段继续努力,要承认这是你自己的任务。如果他有兴趣帮你,那他显然是个好人,但主要还是应该由你自己来完成。
- 一开始就要让他知道,你的信任受到了童年经历的负面影响,信任对你来说,将会是一个持续终身的治疗议题。要继续努力治疗,别把自己的问题投射到他身上。
- 克服自己的依赖需要,不要依赖他,也不要被他依赖。相互依靠才是健康的关系。
- 要在你的个人空间周围建立底线,并鼓励他也这样做。必要的时候,应该给对方一些隐私,如果没法做到这一点,要立即沟通。
- 任何时候都要做真实的自己。
- 在身体上、情绪上、精神上、智力上都要照顾好自己。你可以期待他来做,但要清楚,你无法控制,也无权要求。
- 最重要的是,要对自己的情感和行为负责。
- 如果他误会了你,说你"简直跟你妈妈一个样",温和地告诉他不要再说这种话。

你和你的朋友

选择并维持珍贵的友谊对自恋妈妈的女儿来说是种挑战,但前

第 14 章
填补空虚之镜：结束自恋母亲的影响

面说的健康关系的许多要点，同样适用于友谊，尤其是在互惠、依赖/被依赖，以及建立底线方面。

互惠对健康的友谊来说是必要的。友谊像恋爱一样，也要是一种平等的交换。这种付出和回报不必在同一时刻完成，但总体上要有一个平衡。如果一方总是付出，而另一方没有回报，这就是一种依赖/被依赖的关系。如果你处在一个特殊的阶段，由于某种突发事件，暂时没法进行回报，就该让你的朋友知道。如果你因为自己的问题已经自顾不暇了，就不要勉强自己去回报别人，而要让他们知道，等你解决了自己的问题后，会恢复互惠关系的。高成就动机型女儿往往很难做到这一点，她们习惯了疲于奔命，有时根本不知道怎样处理这种状况。她们因为没法一直回报对方，心生愧疚，放弃了友谊。对好朋友而言，这样做是没有必要的。

当别人的话伤害到你时，建立底线也很重要。要维持一段真诚的友谊，必须能够对侵犯你的言辞和行动做出反应，直接对朋友说："这很伤人"或者"如果你没有说过这样的话，现在也不说，我会感觉更好受些"之类的话。如果你朋友觉得受到了警告，或者很奇怪，你应该向他解释清楚，直言相告。和自己在乎的人相处时，建立清晰的底线，并做出解释，是真诚相待的一种方式。

许多自恋妈妈的女儿都说，她们和其他女性的友谊经常出现问题。最常提到的理由是，女性朋友更加感性，对友谊有太多不切实际的期望。我相信对女性朋友的这种反应，是对自恋妈妈的反应的转移，自恋妈妈经常觉得自己有特权，很贪婪，会提出不少要求。如果一个女性朋友做出类似的表现，你可能会立即退缩，不等查明真相，就寻求自我保护。也许由于你沟通不畅,朋友并不知道你的需要和底线,也许你本来就找了那些和你妈妈相似的人做朋友。如果是后一种情况,你也许该找那些情感方面很坚强、和你趣味相投的女性做朋友。应该寻找那些能给你的生活带来积极影响的朋友,那种和你能力相当、看重你的真诚和生活激情的朋友。女儿们常常抱怨其他女人野心勃勃、嫉妒心强,这可能是她们童年感受的影子。要确保这些友谊不会在结束之前引发你的内心崩溃状态。但如果对方的确野心勃勃、嫉妒心强——也就是自恋,那要尽可能躲开这种人。要找到那些看重你的真心朋友,而你也应该看重她们。这样的女性是天赐的礼物,值得我们付出努力去寻找。总之和健康的人相处是很有必要的。

镜　　子

你阅读这本书的过程中,可能已经对自己做过些评估,你也许在自己身上发现了一些有必要消除的自恋特质。诚实地面对它们,对完成治疗非常重要。没必要因此心情不好,或者觉得自己"做得还不够好"——只要承担起自己的责任就行。下面是《精神疾病诊断与统计手册》中列出的9种自恋特质——在谈论你妈妈时,你已经浏览过。让我们来看看这张清单。

我受到自恋的影响了吗

- 我有没有夸大自己的成就,把不是自己做的事说成是自己做

第 14 章
填补空虚之镜：结束自恋母亲的影响

的？我是不是表现得好像比别人更重要？
- 对爱情、美貌、成功和智慧，我是不是有些不现实的想法和希望？我会不会在这些东西当中寻找力量感？
- 我是不是相信，自己非常特别，只有最好的机构、学术水平最高的专业人士，才有可能理解我？
- 我是不是一直需要得到别人无限度的崇拜？
- 我是不是有种特权感，希望获得优待，得到比别人更高的地位？
- 我会不会利用别人来获得我想要的东西？
- 我是不是缺乏同情心，所以从来不知道别人的感受和需要？我能设身处地了解别人的感受吗？我能表现出同情心吗？
- 我会不会嫉妒别人，争强好胜？或者在没有正当理由的情况下，认为别人嫉妒我？
- 我是不是很傲慢？是不是会在朋友、同事和家人面前表现得目中无人、"比别人好"？

我还会加一条：

- 我有没有能力付出真爱？

很少有自恋妈妈的女儿在所有这些问题上都给予肯定的回答，但你可能会发现，某些描述是符合你的。可以把这张清单作为你个人成长的一把量尺。对健康的自我和母性而言，最重要的两个品质，就是爱和同情的能力。大多数女儿都有一种内在的母性本能，即便她们觉得有必要改变它。

  你正在对自己进行治疗。你已经怀着一种紧迫感，诚实地面对了你的过去，面对了你自己。到目前为止，你已经体验过旧时的痛苦，也看到了从过去中解脱出来、成为真实自我的曙光。你知道你无法治疗那些感受不到的痛苦，你也已经敞开心扉，为一种新的、没有恐惧的思考和生活方式做好了准备。你明白了怎样直接、清楚地表达自己的感受和需要，你已经让自己摆脱了不切实际的期望，可以依照自己的价值观、追随自己的激情行事。在你继续踏上毕生的治疗和发现之旅时，我的心，一直与你同在。

参考文献

CHAPTER 1

1. Elan Golomb, Ph.D., *Trapped in the Mirror: Adult Children of Narcissists in Their Struggle for Self* (New York: William Morrow, 1992), 180.

2. American Psychiatric Association, *Diagnostic and Statistical Manual of Mental Disorders*, 4th ed., text revision (Washington, D.C.: American Psychiatric Association, 2000), 717.

CHAPTER 2

1. Jan L. Waldron, *Giving Away Simone* (New York: Anchor, 1997).
2. *Terms of Endearment*, 1983 (movie).
3. *Pieces of April*, 2003 (movie).
4. *Postcards from the Edge*, 1990 (movie).
5. Nicole Stansbury, *Places to Look for a Mother* (New York: Carroll & Graf, 2002), 95–96.

CHAPTER 3

1. Rebecca Wells, *Divine Secrets of the Ya-Ya Sisterhood* (New York: HarperCollins, 1996), 251.
2. *Gypsy: A Musical Fable*, 1959 (musical, directed by Jerome Robbins); *Gypsy*, 1962 (movie).
3. *Mermaids*, 1990 (movie).
4. From poem "Dear Mommy" by Linda Vaughan, M.A., Denver, Colorado.
5. *Terms of Endearment*, 1983 (movie).

6. *Beaches*, 1988 (movie).

7. *The Other Sister*, 1999 (movie).

8. Rebecca Wells, *Divine Secrets of the Ya-Ya Sisterhood* (New York: Harper Collins, 1996), 60, 225.

9. Billie Holiday, from *Divine Secrets of the Ya-Ya Sisterhood* (New York: HarperCollins, 1996), 1.

10. Michael Wilmington, movie review: *The Mother*, June 17, 2004 (www.chicago.metromix.com/movies/review/movie-review-the-mother/158925/content).

CHAPTER 4

1. Stephanie Donaldson-Pressman and Robert Pressman, *The Narcissistic Family* (New York: Lexington Books, 1994), 18.

2. Salvador Minuchin, *Families and Family Therapy* (Cambridge: Harvard University Press, 1974).

CHAPTER 5

1. *Postcards from the Edge*, 1990 (movie).

2. Alexander Lowen, M.D., *Narcissism: Denial of the True Self* (New York: Touchstone, 1985), ix.

3. *USA Today*, "Generation Y's Goal? (Wealth and Fame)," January 10, 2007.

4. Harris Interactive, *The Supergirl Dilemma: Girls Grapple with the Mounting Pressure of Expectations* (New York: Girls Incorporated, 2006), 3. See also http://www.girlsinc.org/ic/page.php?id=2.4.30.

5. Ibid., 3.

6. Audrey D. Brashich, *All Made Up* (New York: Walker, 2006), 67–68.

7. *Only Two Percent of Women Describe Themselves as Beautiful*: article at www.dove.com/real_beauty/news.asp?id=566, 2004.

8. Information regarding brachioplasty surgery and cost from PlasticSurgeons.com.

9. *Allure* magazine, September 2006, 118.

10. Brashich, *All Made Up*, 65.

CHAPTER 6

1. According to Wikipedia, Mary Marvel is a comic book superheroine who first appeared in 1942. She is the twin sister of Captain Marvel's alter ego, Billy Batson. Mary and her brother Billy were orphans. When calling upon her special powers, she is transformed into an adult version of her late mother.

2. Stephanie Donaldson-Pressman and Robert Pressman, *The Narcissistic Family* (New York: Lexington Books, 1994), 133.

3. American Psychiatric Association, *Diagnostic and Statistical Manual of Mental Disorders*, 4th ed., text revision (Washington, D.C.: American Psychiatric Association, 2000), 717.

4. "Introduction of the Impostor Syndrome," online article at www.counseling.caltech.edu/articles/The%20Imposter%20Syndrome.htm.

5. Pauline Rose Clance and Suzanne Imes, "The Impostor Phenomenon in High-Achieving Women: Dynamics and Therapeutic Intervention," *Psychotherapy Theory, Research and Practice,* vol. 15, no. 3, fall 1978, 2.

6. Marianne Williamson, *A Return to Love: Reflections on the Principles of a Course in Miracles* (New York: HarperCollins, 1992), 190–91.

CHAPTER 7

1. Margaret Drabble, *The Peppered Moth* (Orlando, FL: Harcourt, 2001), 163.

CHAPTER 8

1. Eric Fromm, *The Art of Loving* (New York: Bantam, 1956), 50.

2. Rebecca Wells, *Divine Secrets of the Ya-Ya Sisterhood* (New York: HarperCollins, 1996), 393.

CHAPTER 10

1. *Postcards from the Edge*, 1990 (movie).

2. Elisabeth Kübler-Ross, *On Death and Dying* (New York: Macmillan, 1969).

CHAPTER 11

1. Elizabeth Strout, *Amy and Isabelle* (New York: Random House, 1999).
2. Murray Bowen, *Family Therapy in Clinical Practice* (New York: Jason Aronson, 1978), 539.
3. Ibid., 539–42.
4. Ann and Barry Ulanov, *Cinderella and Her Sisters: The Envied and the Envying* (Philadelphia: The Westminster Press, 1983), 19.
5. James F. Masterson, M.D., *The Search for the Real Self: Unmasking the Personality Disorders of Our Age* (New York: Free Press, 1990), 42–46.

CHAPTER 12

1. Agnes Repplier, *The Treasure Chest* (New York: HarperCollins, 1995).
2. The concepts of "the internal mother" and "the collapse" are illustrated creatively in Dr. Clarissa Pinkola Estes's spellbinding story collection on her CD *Warming the Stone Child* (Boulder, CO: Sounds True, Boulder, 1990).
3. American Psychiatric Association, *Diagnostic and Statistical Manual of Mental Disorders*, 4th ed., text revision (Washington, D.C.: American Psychiatric Association, 2000), 715.
4. Ibid., 468.
5. Thomas J. Leonard, *The Portable Coach* (New York: Scribner, 1998), 19.
6. Dr. James Gregory is a family practice physician at Gregory, Barnhart and Weingart, in Thornton, Colorado.

CHAPTER 13

1. Victoria Secunda, *When You and Your Mother Can't Be Friends: Resolving the Most Complicated Relationship of Your Life* (New York: Dell, 1990), xv.
2. Murray Bowen, *Family Therapy in Clinical Practice* (New York: Jason Aronson, 1978), 534.

3. These categories are defined by the Mountain States Employers Council, Inc., in the booklet *Generations: Working Together*, 6.

4. Lewis Smedes, *Shame and Grace: Healing the Shame We Don't Deserve* (San Francisco: HarperCollins, 1993).

5. Henry Nouwen, *The Only Necessary Thing* (New York: Crossroad, 1999).

CHAPTER 14

1. Alice Miller, online interview, 2006: www.alice-miller.com/interviews_en.php?page=2.

2. Elan Golomb, *Trapped in the Mirror: Adult Children of Narcissists in Their Struggle for Self* (New York: William Morrow, 1992), 199.

3. American Psychiatric Association, *Diagnostic and Statistical Manual of Mental Disorders*, 4th ed., text revision (Washington, D.C.: American Psychiatric Association, 2000), 717.

推荐阅读书籍与观赏影片

BOOKS

Adams, Alice. *Almost Perfect.* New York: Washington Square Press, 1993.

Agnew, Eleanor, and Robideaux, Sharon. *My Mama's Waltz.* New York: Pocket Books, 1998.

Apter, Terri. *You Don't Really Know Me: Why Mothers and Daughters Fight and How Both Can Win.* New York: Norton, 2004.

Bassoff, Evelyn. *Mothers and Daughters: Loving and Letting Go.* New York: New American Library, 1988.

Beattie, Melody. *Beyond Codependency: And Getting Better All the Time.* Center City, MN: Hazelden Foundation, 1989.

———. *Codependent No More: How to Stop Controlling Others and Start Caring for Yourself.* New York: Harper and Row, 1987.

Beren, Phyllis. *Narcissistic Disorders in Children and Adolescents.* Northvale, NJ: Jason Aronson, 1998.

Bowlby, John. *A Secure Base: Parent-Child Attachment and Healthy Human Development.* London: HarperCollins, 1988.

Boynton, Marilyn, and Dell, Mary. *Goodbye Mother Hello Woman: Reweaving the Daughter Mother Relationship.* Oakland, CA: New Harbinger, 1995.

Brashich, Audrey D. *All Made Up: A Girl's Guide to Seeing Through Celebrity Hype . . . and Celebrating Real Beauty.* New York: Walker, 2006.

Brenner, Helene G. *I Know I'm in There Somewhere: A Woman's Guide* to *Finding Her Inner Voice and Living a Life of Authenticity.* New York: Penguin, 2003.

Brown, Byron. *Soul Without Shame: A Guide to Liberating Yourself from the Judge Within.* Boston: Shambhala, 1999.

Brown, Nina W. *Loving the Self-Absorbed: How to Create a More Satisfying Relationship with a Narcissistic Partner.* Oakland, CA: New Harbinger, 2003.

———. *Children of the Self-Absorbed: A Grown-Up's Guide to Getting Over Narcissistic Parents.* Oakland, CA: New Harbinger, 2001.

Campbell, W. Keith. *When You Love a Man Who Loves Himself.* Naperville, IL: Sourcebooks, 2005.

Carter, Steven, and Sokol, Julia. *Help! I'm in Love with a Narcissist.* New York: M. Evans, 2005.

Chesler, Phyllis. *Woman's Inhumanity to Woman.* New York: Avalon, 2001.

Cloud, Townsend. *The Mom Factor.* Grand Rapids, MI: Zondervan, 1996.

Colman, Andrew M. *Oxford Dictionary of Psychology.* New York: Oxford University Press, 2001.

Corkille Briggs, Dorothy. *Celebrate Your Self: Making Life Work for You.* New York: Doubleday, 1977.

Cowan, Connell, and Kinder, Melvyn. *Smart Women, Foolish Choices: Finding the Right Men, Avoiding the Wrong Ones.* New York: Signet, 1985.

Debold, Elizabeth; Wilson, Marie; and Malavé, Idelisse. *Mother Daughter Revolution: From Good Girls to Great Women.* New York: Bantam, 1994.

Delinsky, Barbara. *For My Daughters.* New York: HarperCollins, 1994.

Donaldson-Pressman, Stephanie, and Pressman, Robert M. *The Narcissistic Family.* New York: Lexington Books, 1994.

Drabble, Margaret. *The Peppered Moth.* Orlando, FL: Harcourt, 2001.

Edelman, Hope. *Motherless Daughters.* New York: Addison-Wesley, 1995.

Elium, Don, and Elium, Jeanne. *Raising a Daughter: Parents and the Awakening of a Healthy Woman.* Berkeley, CA: Celestial Arts, 1994.

Ellis, Albert, and Harper, Robert. A. *A Guide to Rational Living.* Chatsworth, CA: Wilshire, 1974.

Fenchel, Gerd H. *The Mother-Daughter Relationship: Echoes Through Time.* Northvale, NJ: Jason Aronson, 1998.

Flook, Marie. *My Sister Life.* New York: Random House, 1998.

Forrest, Gary G. *Alcoholism, Narcissism and Psychopathology.* Northvale, NJ: Jason Aronson, 1994.

Forward, Susan. *Toxic Parents: Overcoming Their Hurtful Legacy and Reclaiming Your Life.* New York: Bantam, 1989.

Fox, Paula. *Borrowed Finery.* New York: Henry Holt, 1999.

Friday, Nancy. *My Mother, My Self: The Daughter's Search for Identity.* New York: Dell, 1977

Golomb, Elan. *Trapped in the Mirror: Adult Children of Narcissists in Their Struggle for Self.* New York: William Morrow, 1992.

Herst, Charney. *For Mothers of Difficult Daughters: How to Enrich and Repair the Bond in Adulthood.* New York: Random House, 1998.

Hirigoyen, Marie-France. *Stalking the Soul: Emotional Abuse and the Erosion of Identity.* New York: Helen Marx Books, 2000.

Hotchkiss, Sandy. *Why Is It Always About You? Saving Yourself from the Narcissists in Your Life.* New York: Simon & Schuster, 2002.

Judd, Wynonna. *Coming Home to Myself.* New York: Penguin, 2005.

Karen, Robert. *Becoming Attached: First Relationships and How They Shape Our Capacity to Love.* New York: Warner, 1994.

Kieves, Tama. *This Time I Dance! Trusting the Journey of Creating the Work You Love.* New York: Penguin, 2002.

Lachkar, Joan. *The Many Faces of Abuse: Treating the Emotional Abuse of High-Functioning Women.* Northvale, NJ: Jason Aronson, 1998.

———. *The Narcissistic/Borderline Couple: The Psychoanalytic Perspective on Marital Treatments.* Philadelphia, PA: Brunner/Mazel, 1992.

Lazarre, Jane. *The Mother Knot.* New York: Dell, 1976.

Lowen, Alexander. *Narcissism: Denial of the True Self.* New York: Touchstone, 1985.

Masterson, James F. *The Search for the Real Self: Unmasking the Personality Disorders of Our Age.* New York: Simon & Schuster, 1988.

Meadow, Phyllis W., and Spotnitz, Hyman. *Treatment of the Narcissistic Neurosis*. Northvale, NJ: Jason Aronson, 1995.
Michaels, Lynn. *Mother of the Bride*. New York: Ballantine, 2002.
Miller, Alice. *The Drama of the Gifted Child: The Search for the True Self*, 3rd ed. New York: HarperCollins, 1996.
Minuchin, Salvador. *Families and Family Therapy*. Cambridge, MA: Harvard University Press, 1974.
Morrison, Andrew P. *Essential Papers on Narcissism*. New York: New York University Press, 1986.
Northrup, Christiane. *Mother-Daughter Wisdom: Understanding the Crucial Link Between Mothers, Daughters and Health*. New York: Bantam Doubleday Dell, 2005.
Norwood, Robin. *Women Who Love Too Much: When You Keep Wishing and Hoping He'll Change*. New York: Simon & Schuster, 1985.
O'Neill, Eugene. *Long Day's Journey Into Night*. New Haven, CT: Yale University Press, 1956.
Peck, M. Scott. *People of the Lie: The Hope for Healing Human Evil*. New York: Simon & Schuster, 1983.
Pipher, Mary. *Reviving Ophelia: Saving the Selves of Adolescent Girls*. New York: Ballantine, 1994.
Richo, David. *How to Be an Adult in Relationships: The Five Keys to Mindful Loving*. Boston: Shambhala, 2002.
Robinson, Marilynne. *Housekeeping*. New York: Farrar, Straus and Giroux, 1980.
Schiraldi, Glenn R. *The Post-Traumatic Stress Disorder Source Book: A Guide to Healing, Recovery, and Growth*. New York: McGraw-Hill, 2000.
Secunda, Victoria. *When Madness Comes Home: Help and Hope for Children, Siblings, and Partners of the Mentally Ill*. New York: Hyperion, 1997.
———. *When You and Your Mother Can't Be Friends: Resolving the Most Complicated Relationship of Your Life*. New York: Dell, 1990.
Snyderman, Nancy, and Streep, Peg. *Girl in the Mirror: Mothers and Daughters in the Years of Adolescence*. New York: Hyperion, 2002.

Solomon, Marion F. *Narcissism and Intimacy: Love and Marriage in an Age of Confusion.* New York: W. W. Norton, 1992.

Sprinkle, Patricia H. *Women Who Do Too Much: How to Stop Doing It All and Start Enjoying Your Life.* Grand Rapids, MI: Zondervan, 1992.

Stansbury, Nicole. *Places to Look for a Mother.* New York: Carroll & Graf, 2002.

Stone, Hal, and Stone, Sidra. *Embracing Your Inner Critic.* New York: HarperCollins, 1993.

Ulanov, Ann and Barry. *Cinderella and Her Sisters: The Envied and the Envying.* Philadelphia: Westminster Press, 1983.

Viorst, Judith. *Necessary Losses: The Loves, Illusions, Dependencies, and Impossible Expectations That All of Us Have to Give Up in Order to Grow.* New York: Ballantine, 1986.

Wells, Rebecca. *Divine Secrets of the Ya-Ya Sisterhood.* New York: HarperCollins, 1996.

Wilde, Oscar. *The Picture of Dorian Gray.* New York: Barnes and Noble, 1995.

Williams, Tennessee. *The Glass Menagerie.* New York: Random House, 1945.

Williamson, Marianne. *A Woman's Worth.* New York: Random House, 1993.

Wurmser, Leon. *The Mask of Shame.* Northvale, NJ: Jason Aronson, 1995.

Yudofsky, Stuart C. *Fatal Flaws: Navigating Destructive Relationships with People with Disorders of Personality and Character.* Arlington, VA: American Psychiatric Publishing, 2005.

MOVIES, WITH DIRECTORS
(MOST ARE AVAILABLE ON VIDEOCASSETTE OR DVD.)

Baby Boom, 1987 (Charles Shyer)

Beaches, 1988 (Garry Marshall)

Because I Said So, 2007 (Michael Lehmann)

Divine Secrets of the Ya-Ya Sisterhood, 2002 (Callie Khouri)

Georgia Rule, 2007 (Garry Marshall)
Gia, 1998 (Michael Cristofer)
Gypsy, 1962 (Mervyn LeRoy)
Mermaids, 1990 (Richard Benjamin)
Miss Potter, 2006 (Chris Noonan)
Mommie Dearest, 1981 (Frank Perry)
Mona Lisa Smile, 2003 (Mike Newell)
Ordinary People, 1980 (Robert Redford)
Pieces of April, 2003 (Peter Hedges)
Postcards from the Edge, 1990 (Mike Nichols)
Prozac Nation, 2003 (Erik Skjoldbjaerg)
Something to Talk About, 1995 (Lasse Hallstrom)
Terms of Endearment, 1983 (James L. Brooks)
The Devil Wears Prada, 2006 (David Frankel)
The Mother, 2003 (Roger Michell)
The Other Sister, 1999 (Garry Marshall)
The Perfect Man, 2005 (Mark Rosman)
White Oleander, 2002 (Peter Kosminsky)

抑郁 & 焦虑

《拥抱你的抑郁情绪:自我疗愈的九大正念技巧(原书第2版)》
作者:[美] 柯克·D.斯特罗萨尔 帕特里夏·J.罗宾逊 译者:徐守森 宗焱 祝卓宏 等
美国行为和认知疗法协会推荐图书
两位作者均为拥有近30年抑郁康复工作经验的国际知名专家

《走出抑郁症:一个抑郁症患者的成功自救》
作者:王宇
本书从曾经的患者及现在的心理咨询师两个身份与角度撰书,希望能够给绝望中的你一点希望,给无助的你一点力量,能做到这一点是我最大的欣慰。

《抑郁症(原书第2版)》
作者:[美] 阿伦·贝克 布拉德A.奥尔福德 译者:杨芳 等
40多年前,阿伦·贝克这本开创性的《抑郁症》第一版问世,首次从临床、心理学、理论和实证研究、治疗等各个角度,全面而深刻地总结了抑郁症。时隔40多年后本书首度更新再版,除了保留第一版中仍然适用的各种理论,更增强了关于认知障碍和认知治疗的内容。

《重塑大脑回路:如何借助神经科学走出抑郁症》
作者:[美] 亚历克斯·科布 译者:周涛
神经科学家亚历克斯·科布在本书中通俗易懂地讲解了大脑如何导致抑郁症,并提供了大量简单有效的生活实用方法,帮助受到抑郁困扰的读者改善情绪,重新找回生活的美好和活力。本书基于新近的神经科学研究,提供了许多简单的技巧,你可以每天"重新连接"自己的大脑,创建一种更快乐、更健康的良性循环。

《重新认识焦虑:从新情绪科学到焦虑治疗新方法》
作者:[美] 约瑟夫·勒杜 译者:张晶 刘睿哲
焦虑到底从何而来?是否有更好的心理疗法来缓解焦虑?世界知名脑科学家约瑟夫·勒杜带我们重新认识焦虑情绪。诺贝尔奖得主坎德尔推荐,荣获美国心理学会威廉·詹姆斯图书奖。

更多>>>
《焦虑的智慧:担忧和侵入式思维如何帮助我们疗愈》 作者:[美] 谢丽尔·保罗
《丘吉尔的黑狗:抑郁症以及人类深层心理现象的分析》 作者:[英] 安东尼·斯托尔
《抑郁是因为我想太多吗:元认知疗法自助手册》 作者:[丹] 皮亚·卡列森

原生家庭

《母爱的羁绊》
作者：[美] 卡瑞尔·麦克布莱德 译者：于玲娜

爱来自父母，令人悲哀的是，伤害也往往来自父母，而这爱与伤害，总会被孩子继承下来。
作者找到一个独特的角度来考察母女关系中复杂的心理状态，读来平实、温暖却又发人深省，书中列举了大量女儿们的心声，令人心生同情。在帮助读者重塑健康人生的同时，还会起到激励作用。

《不被父母控制的人生：如何建立边界感，重获情感独立》
作者：[美] 琳赛·吉布森 译者：姜帆

已经成年的你，却有这样"情感不成熟的父母"吗？他们情绪极其不稳定，控制孩子的生活，逃避自己的责任，拒绝和疏远孩子……
本书帮助你突破父母的情感包围圈，建立边界感，重获情感独立。豆瓣8.8分高评经典作品《不成熟的父母》作者琳赛重磅新作。

《被忽视的孩子：如何克服童年的情感忽视》
作者：[美] 乔尼丝·韦布 克里斯蒂娜·穆塞洛 译者：王诗溢 李沁芸

"从小吃穿不愁、衣食无忧，我怎么就被父母给忽视了？"美国亚马逊畅销书，深度解读"童年情感忽视"的开创性作品，陪你走出情感真空，与世界重建联结。
本书运用大量案例、练习和技巧，帮助你在自己的生活中看到童年的缺失和伤痕，了解情绪的价值，陪伴你进行自我重建。

《超越原生家庭（原书第4版）》
作者：[美] 罗纳德·理查森 译者：牛振宇

所以，一切都是童年的错吗？全面深入解析原生家庭的心理学经典，全美热销几十万册，已更新至第4版！
本书的目的是揭示原生家庭内部运作机制，帮助你学会应对原生家庭影响的全新方法，摆脱过去原生家庭遗留的问题，从而让你在新家庭中过得更加幸福快乐，让你的下一代更加健康地生活和成长。

《不成熟的父母》
作者：[美] 琳赛·吉布森 译者：魏宁 况辉

有些父母是生理上的父母，心理上的孩子。不成熟父母问题专家琳赛·吉布森博士提供了丰富的真实案例和实用方法，帮助童年受伤的成年人认清自己生活痛苦的源头，发现自己真实的想法和感受，重建自己的性格、关系和生活；也帮助为人父母者审视自己的教养方法，学做更加成熟的家长，给孩子健康快乐的成长环境。

更多>>>
《拥抱你的内在小孩（珍藏版）》 作者：[美] 罗西·马奇-史密斯
《性格的陷阱：如何修补童年形成的性格缺陷》 作者：[美] 杰弗里·E. 杨 珍妮特·S. 克罗斯科
《为什么家庭会生病》 作者：陈发展

科学教养

硅谷超级家长课
教出硅谷三女杰的 TRICK 教养法
978-7-111-66562-5

自驱型成长
如何科学有效地培养孩子的自律
978-7-111-63688-5

父母的语言
3000 万词汇塑造更强大的学习型大脑
978-7-111-57154-4

有条理的孩子更成功
如何让孩子学会整理物品、管理时间和制订计划
978-7-111-65707-1

聪明却混乱的孩子
利用"执行技能训练"提升孩子学习力和专注力
978-7-111-66339-3

欢迎来到青春期
9-18 岁孩子正向教养指南
978-7-111-68159-5

学会自我接纳
帮孩子超越自卑,走向自信
978-7-111-65908-2

叛逆不是孩子的错
不打、不骂、不动气的温暖教养术
(原书第 2 版)
978-7-111-57562-7

养育有安全感的孩子
978-7-111-65801-6